LE FENICI

NARRATIVA

Titolo originale:
Baüme. Betrachtungen und Gedichte

La traduzione dei testi in prosa è di Maria Grazia Galli. Per quanto concerne le poesie, le versioni di *Pioggia d'autunno* e *Passeggiata d'autunno avanzato* sono di Ervino Pocar; quella di *Scricchiolio di un ramo spezzato* è di Sergio Solmi (da H. Hesse, *Poesie*, Mondadori); quella di *Selva Nera* è di Maria Teresa Giannelli (da *La natura ci parla*, Mondadori); quelle di *Castello di Bremgarten* e *Nella nebbia* sono di Mario Specchio (da H. Hesse, *Poesie*, Guanda). Tutte le altre poesie sono state tradotte da Roberto Carifi.

In copertina: illustrazione © Angela Dalinger
Art director: Francesca Leoneschi
Grafica: Giovanna Ferraris / *the*World*of*DOT
Progetto grafico: *the*World*of*DOT

ISBN 978-88-235-2145-2

Dodicesima edizione Le Fenici luglio 2026
Gruppo editoriale Mauri Spagnol
www.guanda.it

HERMANN HESSE

IL CANTO DEGLI ALBERI

Poesie, prose, racconti

UGO GUANDA EDITORE

IL CANTO DEGLI ALBERI

Alberi

Per me gli alberi sono sempre stati i predicatori più persuasivi. Li venero quando vivono in popoli e famiglie, in selve e boschi. E li venero ancora di più quando se ne stanno isolati. Sono come uomini solitari. Non come gli eremiti, che se ne sono andati di soppiatto per sfuggire a una debolezza, ma come grandi uomini solitari, come Beethoven e Nietzsche. Tra le loro fronde stormisce il mondo, le loro radici affondano nell'infinito; tuttavia non si perdono in esso, ma perseguono con tutta la loro forza vitale un unico scopo: realizzare la legge che è insita in loro, portare alla perfezione la propria forma, rappresentare se stessi. Niente è più sacro e più esemplare di un albero bello e forte.

Quando un albero è stato segato e porge al sole la sua nuda ferita mortale, sulla chiara sezione del suo tronco – una lapide sepolcrale – si può leggere tutta la sua storia: negli anelli e nelle concrescenze sono scritte fedelmente tutta la lotta, tutta la sofferenza, tutte le malattie, tutta la felicità e la prosperità, gli anni magri e gli anni floridi, gli assalti sostenuti e le tempeste superate. E ogni contadino sa che il legno più duro e più pregiato ha gli anelli più stretti, che i tronchi più indistruttibili, più robusti, più perfetti, crescono in cima alle montagne, nel perpetuo pericolo.

Gli alberi sono santuari. Chi sa parlare con loro, chi li sa ascoltare, conosce la verità. Essi non pre-

dicano dottrine e precetti, predicano, incuranti del singolo, la legge primigenia della vita.

Così parla un albero: in me è celato un seme, una scintilla, un pensiero, io sono vita della vita eterna. Unico è l'esperimento che la madre perenne ha tentato con me, unica la mia forma e la venatura della mia pelle, unico il più piccolo gioco di foglie delle mie fronde e la più piccola cicatrice della mia corteccia. Il mio compito è quello di dar forma e rivelare l'eterno nella sua marcata unicità.

Così parla un albero: la mia forza è la fede. Io non so nulla dei miei padri, non so nulla delle migliaia di figli che ogni anno nascono da me. Vivo il segreto del mio seme fino alla fine, non ho altra preoccupazione. Io ho fede che Dio è in me. Ho fede che il mio compito è sacro. Di questa fede io vivo.

Quando siamo tristi e non riusciamo più a sopportare la vita, allora un albero può parlarci così: Sii calmo! Sii calmo! Guarda me! La vita non è facile, la vita non è difficile. Questi sono pensieri infantili. Lascia che Dio parli in te ed essi taceranno. Tu hai paura, perché la tua strada ti allontana dalla madre e dalla patria. Ma ogni passo e ogni giorno ti riconducono di nuovo alla madre. La patria non è in questo o quel luogo. La patria è dentro di te, o in nessun posto.

La nostalgia di vagare senza meta mi prende il cuore, quando, a sera, sento gli alberi stormire nel vento. Se li si ascolta a lungo, in silenzio, anche la nostalgia di vagare rivela appieno il suo significato più profondo. Non è desiderio di scappare via dal

dolore, come sembra. È nostalgia della propria patria, ricordo della propria madre, struggimento per nuovi simboli di vita. Conduce a casa. Ogni strada conduce a casa, ogni passo è nascita, ogni passo è morte, ogni tomba è madre.

Così sussurra l'albero nella sera, quando abbiamo paura dei nostri pensieri infantili. Gli alberi hanno pensieri duraturi, di lungo respiro, tranquilli, come hanno una vita più lunga della nostra. Sono più saggi di noi finché non li ascoltiamo. Ma quando abbiamo imparato ad ascoltare gli alberi, allora proprio la brevità, la rapidità e la precipitazione infantile dei nostri pensieri acquistano una letizia incomparabile. Chi ha imparato ad ascoltare gli alberi, non desidera più essere un albero. Non desidera essere altro che quello che è. Questa è la patria. Questa è la felicità.

1919

Venerdì santo

Giorno coperto, nel bosco ancora neve,
Sul ramo spoglio il merlo canta:
Un soffio di primavera vibra timoroso,
Gonfio di gioia, colmo di dolore.

Taciturno e minuscolo giace nel prato
Il popolo dei crochi, un nido di viole,
Odora timido e non sa di cosa,
Odora morte e festa.

Le gemme sono accecate dalle lacrime,
Il cielo incombe vicino e trepidante
E ogni orto, ogni collina sono
Golgota e Getsemani.

Il faggio

Durante la nostra asciutta primavera, prima che giungessero le piogge e quella serie di giorni temporaleschi, mi trattenevo spesso in un punto del mio vigneto, dove adesso in un angolo di terra non ancora vangata accendo il fuoco. Là, nella siepe di biancospino che separa il giardino, da anni è cresciuto un faggio, un cespuglietto all'inizio, nato da un seme che il vento aveva portato dal bosco. Per diversi anni l'ho lasciato lì, provvisoriamente e anche un po' controvoglia perché mi spiaceva per il biancospino; ma poi il piccolo e tenace faggio è cresciuto così grazioso, che ho finito per accettarlo. Ora è già un grasso alberello e mi è doppiamente caro, poiché il faggio alto e imponente, il mio albero preferito in tutto il bosco circostante, è stato appena abbattuto; le sezioni del suo tronco, tagliate dalla sega, giacciono ancora là, pesanti e possenti come tamburi di colonne. Forse il mio alberello è un figlio di quel faggio.

Mi ha sempre rallegrato e impressionato la tenacia con cui il mio piccolo faggio tiene strette le sue foglie. Quando tutto è spoglio da un pezzo, lui indossa ancora il suo manto appassito; per tutto dicembre, gennaio e l'intero febbraio gli si scaglia contro la tempesta, gli cade addosso la neve che poi si scioglie goccia dopo goccia. Le foglie rinsecchite, dapprima d'un color bruno cupo, diventano sempre più chiare, più sottili e setose, ma l'albero non le cede, devono coprire i giovani germogli.

Poi, in primavera, ogni anno più tardi di quanto ci si aspetti, un giorno l'albero si trasforma, perde il vecchio manto e al suo posto mette i nuovi, teneri germogli con le gemme umide. Quest'anno sono stato testimone di tale metamorfosi. Avvenne subito dopo che la pioggia aveva reso verde e fresco il paesaggio, in un'ora pomeridiana, a metà aprile; ancora non avevo udito il cuculo, né scoperto narcisi nel prato. Appena pochi giorni prima avevo sostato in questo luogo mentre spirava un forte vento da nord, rabbrividendo con il bavero alzato, e avevo guardato con ammirazione come il faggio restasse indifferente alle violente folate di vento cedendo appena qualche fogliolina; tenace e valoroso, duro e caparbio teneva insieme il suo manto sbiadito.

E oggi, mentre me ne stavo accanto al mio fuoco a spaccar legna e regnava una lieve e tiepida bonaccia, vidi che accadeva: si levò un leggero e mite alito di vento, un respiro soltanto, e a centinaia, a migliaia le foglie così a lungo serbate furono soffiate via, in silenzio, leggere, docili, stanche della loro tenacia, stanche della loro caparbietà e del loro valore. Ciò che per cinque, sei mesi aveva opposto una strenua resistenza, soccombette in pochi minuti a un nulla, a un alito, perché era giunta la sua ora, perché l'amara tenacia non era più necessaria. Il fogliame si disperse di colpo, svolazzando, sorridendo, pronto, senza lotta. Il venticello era troppo debole per portare lontano le piccole foglie così leggere e sottili, esse caddero come una pioggerella fine e coprirono il sentiero e l'erba ai piedi dell'al-

bero, che aveva già dischiuso alcuni verdi germogli. Che cosa mi si era rivelato con questo misterioso e commovente spettacolo? Era la morte, la morte del manto invernale che si era compiuta lievemente, con arrendevolezza? Era la vita, l'incalzante ed esultante giovinezza dei germogli, che si era fatta strada con una volontà ridestatasi all'improvviso? Era triste, era rasserenante? Era un monito a me, il vecchio, a lasciarmi sollevare dal vento e cadere, un monito, poiché forse sottraevo lo spazio a chi era più giovane e più forte di me? O era un'esortazione a tener duro come il manto del faggio, a stare saldo sulle mie gambe con tenacia fin tanto che fosse possibile, a oppormi e a difendermi, perché poi, al momento giusto, l'addio sarebbe stato lieve e sereno? No, era, come ogni visione, un'epifania dell'immenso e dell'eterno, della coincidenza degli opposti, del loro fondersi nel fuoco della realtà, non significava nulla, non esortava a nulla, anzi significava tutto, significava il segreto dell'essere, ed era bello, era felicità, era senso, era per lo spettatore un dono e una scoperta, come lo è un orecchio colmo di Bach, un occhio colmo di Cézanne. Questi nomi e queste interpretazioni non furono l'esperienza, vennero solo in seguito, l'esperienza stessa fu solo fenomeno, miracolo, segreto, tanto bello quanto solenne, tanto incantevole quanto inesorabile.

Nello stesso luogo, accanto alla siepe del biancospino e vicino al faggio, dopo che, nel frattempo, il mondo s'era fatto di un verde vivo e la domenica di Pasqua il canto del cuculo era risuonato

per la prima volta nel nostro bosco, in uno di quegli umidi e tiepidi giorni di temporale, mutevoli e ventilati, che già preparano il salto dalla primavera nell'estate, il grande segreto mi parlò per mezzo di un'esperienza visiva non meno allegorica. Nel cielo coperto, che tuttavia continuava a gettare sfavillanti occhiate di sole sui verdi germogli della valle, ebbe luogo un grandioso spettacolo di nubi: il vento sembrò alzarsi contemporaneamente da ogni lato, ma prevalse la direzione sud-nord. L'atmosfera si caricò di tensione, di turbamento, di passioni. E in mezzo allo spettacolo c'era di nuovo un albero, che s'impose improvvisamente alla mia vista, un albero bello e giovane, un pioppo dal manto novello nel giardino accanto. Come un missile si stagliò contro il cielo, agitando i rami, elastico, con la cima appuntita, severamente chiuso, come un cipresso, durante le brevi cadute di vento, gesticolando con cento rami sottili e leggermente arruffati quando il vento aumentava. La punta del magnifico albero ondeggiava qua e là e s'impennava accompagnata dal sussurrio del fogliame lievemente luccicante, lieto della propria forza e della propria verde giovinezza, con un dondolio sommesso come l'ago di una bilancia, ora piegandosi come a stuzzicare scherzosamente il vento, ora rimbalzando caparbio all'indietro (molto più tardi mi ricordai che già una volta, decenni prima, avevo osservato con attenzione questo gioco nel caso di un pesco, e l'avevo descritto nella poesia *Il ramo in fiore*).

1952

Il ramo in fiore

Sempre di tanto in tanto
S'agita al vento il ramo in fiore,
Sempre su e giù
Simile a un bimbo s'agita il mio cuore:
Fra giorni chiari e scuri,
Fra volontà e rinuncia.

Finché sono dispersi i fiori
E il ramo si carica di frutti,
Finché d'infanzia sovrabbonda il cuore
E raggiunge la pace
Persuaso: colmo di gioia e non vano
Era l'inquieto gioco della vita.

Germogli

La lontana selva bruna riluce da qualche giorno di un verde nuovo; sul bordo del viottolo argilloso oggi ho trovato la prima primula semiaperta; nel cielo terso e umido sognano le leggere nuvole di aprile e i vasti campi, appena arati, sono di un colore bruno così splendente e si spiegano all'aria tiepida così bramosi, come se avessero nostalgia di ricevere e di produrre, e di mettere alla prova le loro forze in migliaia di germogli verdi e steli tesi verso l'alto, di sentire e di donare. Tutto trepida, tutto si prepara, tutto sogna e sboccia in una sottile, tenera e incalzante febbre del divenire – il germoglio brama il sole, la nuvola il campo, l'erbetta le correnti. Di anno in anno, a quest'epoca, sto in agguato, con impazienza e desiderio, come se un attimo straordinario dovesse svelarmi il miracolo della rinascita, come se per un'ora intera potessi vedere, comprendere e vivere la completa manifestazione della forza e della bellezza, la vita che spunta sorridendo dalla terra e apre alla luce i suoi grandi e giovani occhi. E anno dopo anno il miracolo mi passa accanto diffondendo le sue note e i suoi profumi, amato e adorato; e incompreso. È qui e non l'ho visto arrivare, non ho visto schiudersi l'involucro del germoglio, non ho visto tremare nella luce la prima tenera fonte. I fiori sono improvvisamente ovunque, gli alberi risplendono di fogliame lucente o di una bianca e spumosa fioritura, e gli uccelli si lanciano in volo esultanti descrivendo graziosi ar-

chi attraverso il tiepido azzurro. Il miracolo è compiuto, anche se io non l'ho visto, i boschi s'inarcano, vette lontane chiamano. È tempo di preparare borsa e stivali, canna da pesca e attrezzatura da voga e gioire con i cinque sensi del giovane anno, che ogni volta è più bello di quanto sia stato il precedente e sembra avanzare più in fretta. Com'era lunga, inesauribilmente lunga una primavera, quando ero ancora un ragazzo!

E quando l'ora lo concede e il mio cuore è ben disposto, resto a lungo coricato nell'erba umida oppure mi arrampico sul più vicino tronco robusto, mi cullo tra i rami, inspiro il profumo dei germogli e della resina fresca, vedo l'intreccio dei rami e il verde e l'azzurro confondersi sopra di me ed entro come un sonnambulo, ospite silenzioso, nel giardino radioso della mia infanzia. Ciò riesce raramente ed è delizioso fare ancora un balzo all'indietro e respirare la tersa aria mattutina della prima giovinezza e di nuovo, per qualche istante, vedere il mondo così come uscì dalle mani di Dio e come l'abbiamo visto noi tutti durante l'infanzia, poiché in noi stessi si manifestava il miracolo della forza e della bellezza.

Com'erano gioiosi e fieri allora gli alberi che si stagliavano contro il cielo! Il narciso e il giacinto spuntavano in giardino così belli e splendenti; e gli adulti, che ancora conoscevamo così poco, ci trattavano con dolcezza e benevolenza, perché sulla nostra fronte liscia sentivano ancora l'alito del divino, di cui nulla sapevamo e che avremmo perduto, involontariamente e inconsapevolmente, nell'impe-

to della crescita. Che ragazzo selvaggio e sfrenato ero, quante preoccupazioni ha avuto per me mio padre da quando ero piccolo, e quanta paura e quanti sospiri mia madre! Eppure sulla mia fronte c'era lo splendore divino, e quello che guardavo era bello e vivo, e nei miei sogni, nei miei pensieri, anche quando non erano per niente pii, entravano e uscivano fraternamente angeli, miracoli e fiabe.

1904

Notte di primavera

Il vento nel castagno
Stende assonnato le sue piume,
Sui tetti aguzzi calano
il crepuscolo e il chiaro di luna.

Ogni fontana mormora fredda
Tra sé e sé leggende oscure,
La campana solenne della chiesa
Si appresta a battere le dieci,

Nei giardini inosservati
Dormono alberi illuminati dalla luna,
Per armoniose chiome passa sussurrando
Il respiro profondo di bei sogni.

Ripongo esitando il violino
Che ho suonato con calore,
Mi stupisce la campagna in azzurra lontananza,
Sogno e mi struggo di muta nostalgia.

Castagni

Ogni luogo in cui viviamo per un certo periodo, solo qualche tempo dopo che gli abbiamo dato l'addio guadagna un posto nella nostra memoria e diventa un'immagine che resta inalterabile nel tempo. Finché siamo là e abbiamo tutto davanti agli occhi mettiamo sullo stesso piano il casuale e l'essenziale, solo più tardi ciò che è irrilevante svanisce. La nostra memoria serba soltanto ciò che è degno di essere serbato; come potremmo altrimenti contemplare anche un solo anno della nostra vita senza provare paura e un senso di vertigine?

All'immagine che un luogo lascia in noi appartengono molte cose, acqua e roccia, tetti e piazze, ma per me soprattutto alberi. Non solo sono di per sé belli e degni d'amore, non solo contrappongono all'uomo, che esprime se stesso costruendo edifici, l'innocenza della natura; da loro si può anche apprendere molto sulla tipologia e l'età del terreno di coltura, sul clima e il tempo, così come sul significato dell'umanità. Come resterà più tardi nella mia memoria il paese in cui vivo ora, non lo so, ma non riesco a immaginarmelo senza pioppi, così come non riesco a immaginarmi il Lago di Garda senza ulivi e la Toscana senza cipressi. Ad altri luoghi mi è impossibile pensare senza tigli o noci, e due o tre li riconosco e sono diventati memorabili per me, poiché non posseggono alcun tipo di vegetazione arborea.

Tuttavia una città o un paesaggio in cui non

prevale nessun tipo di pianta non diventa un'immagine nella mia memoria, ma lascia in essa la sensazione di qualcosa di indistinto. In una città simile vissi per due anni da ragazzo e, nonostante i molti ricordi, la sua immagine mi è estranea e indifferente come quella di una stazione.

Una vera città di castagni è già da parecchio tempo che non la vedo; me ne ricordo ogni volta che, ora qua ora là nei dintorni, noto un bell'ippocastano solitario o scorgo con dispiacere, in qualche villaggio, piccoli e miseri ippocastani nel giardino di una trattoria. Se sapessero che aspetto possono avere i castagni! Come si ergono possenti, come fioriscono rigogliosi, come stormiscono cupe le loro fronde, com'è intensa l'ombra che gettano, com'è ricco e gonfio d'estate il loro manto e come giace spesso e soffice d'autunno, nel suo color bruno dorato!

Ancor oggi ripenso a quella città con i bei castagni, una piccola città in terra di Svevia. Nel suo centro si trova l'antica fortezza, una vasta e massiccia costruzione ad incastro circondata da un fossato straordinariamente largo, asciutto da lungo tempo. Intorno ad esso, in un ampio anello, corre una strada superba che ha su di un lato solo basse, vecchie case e minuscoli giardini; sul lato libero, quello del fossato, invece, una corona possente di castagni enormi.

Da una parte pendono insegne di botteghe e di locande; qui i falegnami battono il martello e gli stagnini picchiano rumorosamente sulla latta, qui ci sono le botteghe dei calzolai, immerse nella pe-

nombra come caverne e le concerie con il loro misterioso odore. Ma dall'altra parte della strada regnano l'ombra e la quiete, profumo di fogliame e verde gioco di luci, canto d'api e volo di farfalle. Così quei poveri battitori e riparatori davanti alle loro finestre hanno un'immagine di eterno giorno festivo e di perpetua pace divina, verso cui gettano spesso e di soppiatto sguardi nostalgici; quella pace che ricercano nelle calde serate estive, sempre troppo tardi e dopo averla a lungo sospirata.

Una volta ho vissuto in questa piccola città per otto giorni e sebbene fossi lì per affari, mi divertivo a guardare dalle finestre con aria di superiorità i commercianti e gli artigiani e a passeggiare spesso e a lungo in quell'ombrosa parte festiva della strada e della vita. La cosa più bella, però, era che alloggiavo accanto al fossato, nella locanda « All'aquila bionda », e di sera e per tutta la notte avevo davanti alla mia finestra tutti quei castagni in fiore, rossi e bianchi. In realtà gustavo questo piacere visivo non senza sacrificio, poiché il fossato, apparentemente asciutto, sul suo fondo di muschio verde era ancora abbastanza umido per inviare quotidianamente centinaia di migliaia di zanzare affamate. Ma un giovanotto in viaggio, in simili calde notti estive, non dorme comunque tanto, e quando le zanzare diventavano troppo sfacciate, mi spalmavo di aceto e mi sedevo al buio alla finestra con una sigaretta.

Che sere e notti straordinarie! Profumo d'estate e calda polvere di strada, ronzio di zanzare e sot-

tile afa elettrica dispersa nell'aria e vibrante di segreti.

Adesso, dopo tutti questi anni, le calde sere accanto al fossato dei castagni suscitano in me un ricordo delicato e commovente, come un'isola nella vita, come una favola, come la giovinezza perduta. Un ricordo dolce e seducente, che risveglia insieme tristezza e nostalgia, come il dimenticato canto di Avalon.

La maggior parte delle volte avevo finito con i miei « affari » già nel pomeriggio. Allora con il piglio da grand'uomo del fannullone facevo una o due volte il giro della fortezza gustando la libertà e l'ozio, per il quale scoprii allora in me molta inclinazione. Se avessi mai voluto combinare qualcosa di buono nella vita (ma era poi veramente così necessario, come mi si diceva sempre?), avrei dovuto certamente lavorare tanto duramente, che ora potevo ben godermi quel paio di giorni in regalo.

Perciò andavo a zonzo fuori città e, attraversando i giardini della periferia lungo i fianchi della collina, raggiungevo qualche prato estivo profumato o il remoto margine in penombra di un bosco. Era dai tempi della mia fanciullezza che non osservavo più con aria tanto oziosa e assorta le lucertole sfolgoranti e le ebbre farfalle. Mi immergevo nel ruscello o mi bagnavo il capo accaldato e poi in un luogo appartato tiravo fuori un libretto d'appunti con i fogli a quadretti e con la matita temperata alla perfezione ci scrivevo cose di cui mi vergognavo e che tuttavia mi rendevano incredibilmente lieto, anzi orgoglioso. Probabilmente i miei versi di allo-

ra non avevano alcun valore, e forse riderei, se li vedessi di nuovo. No, non riderei, certo che no. Vorrei essere ancora una volta così pazzamente lieto, così genuinamente felice, scrivendo o facendo qualunque altra cosa.

Così si faceva sera e io ritornavo nella cittadina. Rubavo una rosa da un giardino e la tenevo in mano, poiché avrei potuto facilmente venirmi a trovare in situazioni in cui si è contenti di avere una rosa in mano. Per fare un esempio, se avessi incontrato in un momento propizio la figlia del carpentiere Kiderlen all'angolo della piazza del mercato, e io mi fossi levato il cappello, e lei non avesse risposto solo con un cenno del capo, ma si fosse arrischiata ad avviare una conversazione, mi sarei fatto scrupolo di offrirle la rosa con le parole del caso? O avrebbe potuto anche essere Martha, cameriera all'« Aquila » e anche nipote dei proprietari, in onore della quale l'« Aquila nera » era stata ribattezzata « bionda », che mi guardava sempre dall'alto in basso. Ma forse mi sbagliavo.

E così entravo in città, camminavo qua e là per le vie per dare una mano al caso, e quindi facevo ritorno all'« Aquila ». Nel corridoio prima della porta della locanda infilavo la mia rosa all'occhiello e poi entravo, ordinavo cortesemente prosciutto e senape oppure uno stinco o una costoletta con i crauti e mi facevo portare insieme una birra di Vaihingen.

Finché non arrivava il cibo, davo ancora una veloce lettura al mio libretto dei versi, facevo ancora qua e là una cancellatura o mettevo un punto di

domanda, poi mangiavo e bevevo prendendo come esempio di conversazione e di comportamento i clienti abituali più vecchi e più fini. Capitava che il padrone o la padrona della locanda non si limitassero ad augurarmi amichevolmente buon appetito, ma si sedessero di fronte a me e intavolassero una breve conversazione. Allora rispondevo alle loro domande con timida affabilità e poteva accadere che facessi qualche battuta scherzosa, esprimessi un'opinione politica o mi esibissi in una barzelletta. Infine pagavo la mia cena, prendevo con me una bottiglia di birra chiara e salivo in camera, dove le zanzare ronzavano diligentemente e dove dovevo immergere la mia birra nell'acqua fredda del lavabo per mantenerla in fresco.

E allora giungevano le meravigliose ore della sera. Sedevo da solo sul davanzale della finestra e in uno stato di semicoscienza sentivo come era bella la notte estiva, la leggera afa e i pallidi bagliori spettrali dei fiori dei castagni, dalla forma di grosse candele. Allora, osservando oppresso e malinconico gli innamorati che passeggiavano nell'oscurità sotto quei grandi alberi, sfilavo triste la mia rosa dall'occhiello e la gettavo dalla finestra; dalla strada si levava una polvere leggera e d'un colore bianco luccicante, proprio dove passavano le vetture, i clienti delle locande e le coppie di innamorati.

Ho promesso di raccontare qualcosa? No, non ho promesso nulla di simile, e non voglio nemmeno raccontare nulla. Si può raccontare un fidanzamento o la frattura di una gamba. Io voglio solo udire di nuovo il canto di quelle notti estive; mi è

più caro che tutti i canti di Avalon. Voglio rivedere soltanto la vecchia città, la fortezza e il fossato, per non dimenticare completamente quelle notti. Voglio soltanto pensare a quei castagni, ancora una volta dopo tanti anni, al mio libretto dei versi di allora e a tutto ciò che non ritorna.

Mi sembra incredibile, tuttavia, che debbano essere stati solo otto giorni e otto notti. Mi sembra come se avessi fatto più di cento passeggiate verso il bosco, e spiccato più di cento rose, destinate nel mio cuore alle belle ragazze della città dei castagni e poi gettate tristemente sulla strada all'imbrunire perché nessuno le voleva. A dire il vero, quelle rose erano rubate, ma chi avrebbe dovuto saperlo? Non la figlia del carpentiere Kiderlen e nemmeno la bionda Martha, e se una di loro avesse voluto ricevere da me quella rosa rubata, io gliene avrei volentieri comperate altre cento.

1904

Sogno

Sempre lo stesso sogno:
Un rosso castagno in fiore,
Un giardino colmo di splendore estivo,
Dietro una vecchia casa abbandonata.

Là, dove si stende il giardino silenzioso,
Mi cullò mia madre;
Forse – tanto tempo è trascorso –
Non ci son più giardino, casa e pianta.

Forse ora c'è un sentiero nel prato,
Forse vi passano l'erpice e l'aratro.
Di pietra, giardino, casa e pianta
Solo il mio sogno resta.

Il pesco

Questa notte il föhn è passato con violenza spietata sulla campagna paziente, sui campi e i giardini vuoti, attraverso le viti rinsecchite e il bosco spoglio. Scoteva ogni ramo e ogni tronco, ululava soffiando di fronte a ogni ostacolo, strepitava tra i rami del fico con un rumore di ossa e sollevava in vortici il fogliame appassito. Al mattino questo giaceva in grossi mucchi ordinati, appiattito e mortificato, rasente i muri, dietro ogni angolo e ogni aggetto che offrisse protezione dal vento.

E quando sono giunto in giardino, era accaduta una disgrazia. Il mio pesco più grande giaceva al suolo, dopo essersi spezzato, a breve altezza dal terreno, ed essere precipitato sul ripido pendio del vigneto. Non è che diventino molto vecchi, questi alberi, e non appartengono alla schiatta dei giganti e degli eroi, sono teneri e gracili, ipersensibili alle ferite, la loro linfa resinosa ha qualcosa del sangue antico dei nobili, persin troppo selezionato. Non era un albero particolarmente bello o pregiato, quello che era caduto, ma era appunto il più grande dei miei peschi, un vecchio conoscente e amico, che dimorava da più tempo di me su questo pezzo di terra. Ogni anno, subito dopo la metà di marzo, apriva i suoi germogli e con la schiumosa corona di fiori rosati si stagliava pieno di forza contro l'azzurro del cielo sereno o, al contrario, infinitamente delicato contro il grigio di un giorno di pioggia, si dondolava alle folate briose delle fresche giornate

di aprile, attraversato dalle fiamme dorate della citronella; si era opposto al maligno föhn; restava quieto, come sognante, nel grigiore dei periodi piovosi, leggermente curvo, con lo sguardo abbassato a terra, dove l'erba del ripido vigneto diventava più verde e più spessa a ogni giorno di pioggia. Qualche volta avevo portato con me, in camera mia, uno dei suoi rametti fioriti, qualche volta, nel periodo in cui i frutti cominciano a diventare pesanti, l'avevo aiutato con un supporto, qualche volta, anni addietro, avevo persino cercato, con sufficiente sfrontatezza, di dipingerlo durante la fioritura. In tutte le stagioni era rimasto là, aveva il suo posto nel mio piccolo mondo e vi apparteneva, aveva provato la calura e la neve, la tempesta e la quiete, aveva fatto la sua parte, contribuendo con il suo suono al canto, coi suoi colori all'immagine, aveva continuato a crescere alto sopra le viti ed era sopravvissuto a generazioni di lucertole, serpi, farfalle e uccelli. Non era straordinario, non era tenuto in particolare considerazione, eppure era indispensabile. Al tempo d'inizio della maturazione, ogni mattina percorrevo il breve tratto che lo separava dalla scaletta del giardino, raccoglievo dall'erba umida le pesche cadute durante la notte e le portavo su in casa, in tasca, nel cestino o anche nel cappello e le allineavo al sole, sulla ringhiera della terrazza.

Adesso nel luogo che era appartenuto a questo vecchio conoscente e amico si era formata una buca, in quel piccolo mondo c'era uno squarcio attraverso cui il vuoto, la tenebra, la morte, il terrore

spingevano il proprio sguardo. Il tronco spezzato giaceva triste, il suo legno aveva un aspetto marcio e tumido, i rami si erano piegati nella caduta; in un paio di settimane, senza quella catastrofe, avrebbero di nuovo avuto la loro corona primaverile rosso rosata e si sarebbero stagliati contro i cieli azzurri o grigi. Mai più avrei potuto spiccarne un ramo, coglierne un frutto, mai più avrei tentato di copiarne la struttura bizzarra e un po' fantastica di una ramificazione, mai più l'avrei raggiunto nei caldi meriggi estivi, per sostare un attimo nella sua ombra sottile. Chiamai Lorenzo, il giardiniere, e gli ordinai di trascinare l'albero caduto fino alla stalla. Là, il prossimo giorno di pioggia, quando non ci fossero stati altri lavori da svolgere, sarebbe stato tagliato per farne legna da ardere. Lo seguii con lo sguardo, di malumore. Ah, che nemmeno sugli alberi si possa fare affidamento, che anche loro ci vengano a mancare, ci muoiano, un giorno ci piantino in asso e scompaiano, dall'altra parte, nella grande oscurità!

Guardavo Lorenzo, che trascinava via con fatica il tronco. Addio, mio caro pesco! Tu almeno, e per questo ti considero fortunato, sei morto di una morte decorosa, una morte naturale e giusta, hai puntato i piedi e resistito finché non ce l'hai più fatta e il grande nemico ti ha divelto le membra. Tu hai dovuto cedere, sei caduto e sei stato separato dalle tue radici. Ma non sei stato smembrato da bombe, bruciato da acidi diabolici, strappato dal suolo patrio come milioni di uomini, che sono stati trapiantati fugacemente altrove, con radici sangui-

nanti, e privati della patria; tu non hai provato la rovina e la distruzione intorno a te, non la guerra e il disonore, e non hai dovuto morire in disgrazia. Tu hai avuto un destino come spetta e si addice ai tuoi simili. Per questo io ti considero fortunato. Tu sei invecchiato diventando migliore e più bello e sei morto più dignitosamente di noi, noi che nei giorni della nostra vecchiaia ci dobbiamo difendere contro il veleno e la sventura di un mondo appestato e dobbiamo strappare con la lotta ogni boccata d'aria pulita alla corruzione che divora tutto ciò che la circonda.

Quando avevo visto l'albero a terra, avevo pensato, come sempre di fronte a tal genere di perdita, a un sostituto, a una nuova pianta. Al posto dell'albero caduto, avremmo scavato una buca e l'avremmo lasciata aperta per un bel po', all'aria, alla pioggia e al sole, nel buco avremmo buttato col tempo un po' di letame, un po' di concime vegetale e rifiuti di ogni genere mischiati a segatura; poi un giorno, possibilmente sotto una pioggerella tiepida, avremmo piantato un nuovo, giovane alberello. Anche a questo giovanetto, a quest'albero bambino sarebbero probabilmente piaciuti la terra e l'aria di qui, anche lui sarebbe diventato un compagno e un buon vicino della vite, dei fiori, delle lucertole, degli uccelli e delle farfalle; nel giro di un paio d'anni avrebbe avuto frutti; ogni primavera, nella seconda metà di marzo i suoi fiori sarebbero spuntati e, se il destino fosse stato benevolo, ormai vecchio e stanco sarebbe caduto vittima di qualche

tempesta, di una frana o di un'abbondante nevicata.

Questa volta tuttavia non riuscivo a decidermi a ripiantare. In vita mia avevo piantato parecchi alberi, non dipendeva da questo in particolare. Dentro di me qualcosa si opponeva a rinnovare il ciclo anche qui, a mettere di nuovo in movimento la ruota dell'esistenza, a crescere una nuova preda per la morte ingorda. Non voglio. Il posto deve restare vuoto.

1945

Colmo di fiori

Colmo di fiori è il pesco,
Non tutti diventeranno frutto,
Splendono limpidi come schiuma di rose
Per l'azzurra fuga delle nubi.

Come fiori sbocciano i pensieri,
Cento al giorno –
Lasciali fiorire! lascia alle cose il loro corso!
Non domandare del raccolto!

Occorrono anche giuoco e innocenza
E fiori in abbondanza,
Altrimenti il mondo ci sarebbe angusto
E la vita priva di piacere.

Eremiti e combattenti

Vidi pascoli, pendii e crepacci coperti di erbe, fiori, felci e muschi, a cui l'antica lingua del popolo aveva dato nomi straordinari e presaghi. Vivevano, figli e nipoti delle montagne, variopinti e innocui al loro posto. Io li toccavo, li osservavo, aspiravo il loro profumo e imparavo i loro nomi. La vista degli alberi mi toccava molto più profondamente. Vedevo ognuno di loro vivere la sua vita isolata, formare la sua corona caratteristica e gettare la sua ombra particolare. Mi sembravano eremiti e combattenti, più affini alle montagne, poiché ognuno di loro, soprattutto chi stava più in alto, doveva condurre la sua lotta silenziosa e tenace per sopravvivere e crescere, contro il vento, il tempo e la roccia. Ognuno doveva portare il suo fardello e avvinghiarsi al terreno, e per questo ognuno aveva la sua forma caratteristica e le sue ferite particolari. C'erano pini, ai quali la bufera permetteva di avere rami solo da un lato, e alcuni, i cui tronchi rossastri erano attorcigliati come serpenti intorno a rocce sporgenti, cosicché albero e roccia si stringevano e sostenevano l'un l'altro. Mi guardavano come guerrieri e risvegliavano nel mio cuore riverenza e timore.

1904

La betulla

L'intreccio di sogni di un poeta
Più sottile non può ramificarsi,
Più leggero piegarsi al vento,
Con più nobiltà levarsi nell'azzurro.

Tenera, giovane e flessibile
Lasci che i chiari, lunghi rami
Con ansia trattenuta
Ondeggino a ogni alito di vento.

Così fragile e incerta vacillando
Vuoi con il tuo esile spavento
Sembrarmi la favola splendente
Di un tenero e puro amore giovanile.

Maggio nel bosco di castagni

Adesso, nei primi giorni di maggio e poi di nuovo in autunno inoltrato, il paesaggio montuoso meridionale conosce i suoi giorni più belli. Durante l'estate tutte le colline e le montagne basse sono ricoperte di verde. Tutto il paese in questo periodo è verde, verde, verde e se non spiccassero ovunque i villaggi variopinti e luminosi e non facessero capolino da lontano un paio di vette innevate, sarebbe quasi noioso. Adesso, invece, che i castagni cominciano a mettere le prime foglie, che il bosco non è ancora impenetrabile, che sfioriscono i tardi ciliegi selvatici e iniziano a fiorire le prime acacie, adesso il bosco meridionale è affascinante con il suo fresco verde acceso che trascolora nel rossastro, e che, ancora rado e incerto, lascia intravedere il cielo, le stelle e le montagne lontane.

Re del bosco è in questo periodo il cuculo; ovunque, nelle silenziose valli solitarie, sulle assolate cupole boscose, nelle gole oscure si ode il suo canto di corteggiamento. Il suo richiamo significa primavera, la sua canzone canta l'immortalità, non a caso è lui che l'uomo interroga sul numero degli anni della propria vita. La sua voce risuona calda e profonda attraverso i boschi, risuona qui nelle Alpi, non altrimenti di come risuonava ai tempi della mia infanzia nella Selva Nera e nella valle del Reno, non altrimenti di come risuonava negli anni trascorsi sulle rive del lago di Costanza, dove i miei bambini la udirono per la prima volta. È rimasta la

stessa, come il sole, come il bosco, come il verde delle foglie novelle e il bianco e violetto delle nubi maggioline di passaggio. Anno dopo anno, il cuculo lancia il suo grido, e nessuno sa se è ancora quello dell'anno prima, e che cosa ne è stato dei cuculi che abbiamo udito da bambini e da ragazzi.

Questa voce profonda e dolce suonava un tempo come futura promessa, come corteggiamento, come grido di battaglia, come un incontro con la felicità, e ha ora il suono del passato; e per il cuculo è lo stesso, se siamo noi quelli che esorta con il suo richiamo, oppure già i nostri figli o nipoti, se il grido ci sveglia nella culla o canta sulle nostre tombe. Raramente lo si vede, il timido fratello, già per questo io lo amo. Non si mostra facilmente, vuole restare solo. Per la maggior parte degli uomini il cuculo non è altro che questa voce nel verde, bella, profonda e affascinante – mille volte l'hanno udita, vista mai. Ieri ho chiesto a un'intera banda di scolari dodicenni se avevano mai visto il « cucù », e solo uno ha detto di sì.

Io però l'ho visto spesso, questo timido fratello, il mio gaio compare del bosco, che resta invisibile alla maggior parte degli uomini, e di cui si raccontano storie così incantevoli, fresche e universali. Invisibile, domina per due mesi l'intero bosco come un re. Araldo dell'amore risonante e provocatorio, poco importa a lui del matrimonio, della casa e di figli da crescere. Continua a lanciare il tuo grido, fratello cuculo, tu appartieni alla schiera dei miei animali preferiti. Sono in buoni rapporti con tutti gli animali, sebbene io stesso sia una belva fe-

roce, mi trovo bene con tutti, ne conosco molti, mi diverto con loro, anche con quelli più timidi e poco conosciuti. E in questi giorni ho avuto la fortuna di vedere un'altra volta il cuculo, e non uno solo, ma una coppia, lui e lei. Li vidi dal fondo di una gola, in cui raccoglievo mughetti, e rimasi per un bel pezzo fermo, come un albero rinsecchito. Non mi notarono. Si inseguivano su e giù giocando tra le alte cime (in quel luogo tra i castagni ci sono anche alti frassini), disegnando ghirlande di giubilo durante il loro gioioso e morbido volo; i grossi uccelli bruni si lanciavano ad ali spiegate di albero in albero, in giravolte selvagge sempre sorprendenti e fulminee, di colpo perpendicolarmente verso terra, e poi, all'improvviso, di nuovo verso le cime degli alberi, come missili, e si fermavano, per meno di un secondo, emettendo il loro grido acuto ed eccitato.

Non sono riuscito a vedere il cuculo ogni anno della mia vita, l'avrò sorpreso in tutto una dozzina di volte, e ora non mi succederà più tanto spesso, le gambe non funzionano più come si deve e presto il timido fratello cucù canterà soltanto ai miei figli e ai miei nipoti. Ascoltatelo bene, voi nipoti, sa molte cose, imparate da lui! Imparate da lui il volo primaverile, audace e vibrante di gioia, il caldo richiamo del corteggiamento, la vita randagia del viandante.

Tutti i giorni trascorro qualche ora nel bosco. Accanto agli anemoni e alla polmonaria fioriscono già i sigilli di Salomone, i mughetti e le orchidee maculate. Nel bosco, talvolta dipingo, talvolta dor-

mo disteso nell'erba, talvolta resto sdraiato a leggere. In mezzo al mucchio di libri che mi mandano gli editori ho scelto, come nutrimento primaverile per questi giorni di bel tempo, alcune pepite d'oro; sono lì pronti, e spesso ne porto uno con me, tra i mughetti e le orchidee.

Di questi libri fa parte *All'ombra delle fanciulle in fiore* di Marcel Proust, nell'edizione tedesca di « Die Schmiede » di Berlino. Tre anni fa, quando anche in Germania si cominciò finalmente a considerare Proust, i nostri critici parlavano di lui tra misteriosi sussurri come di un tesoro nascosto sotto terra; oggi non vogliono già più saperne, e trovano che in definitiva sia soltanto un debole malato di nervi con sentimenti di second'ordine. Che la muffa possa crescere sulla lingua di questi tipi! Me ne infischio di loro, sono contento che ci sia qualcosa di così bello e vivo, di così caldo, fiorito e amabile come le trame di questo poeta delicato, che già da tempo non ode più il canto del cuculo.

Ho riletto anche parecchie novelle di Gorkij, nella bella edizione completa che pubblica a Berlino la casa editrice Malik e che è già giunta all'ottavo volume. Amo Gorkij non per le sue origini proletarie e nemmeno per i suoi principi programmatici belli e nobili (tutto questo lo si può avere anche senza essere un poeta), ma per alcune immagini indimenticabili, colte con tale ardore, abbozzate in modo così dolorosamente espressivo, come solo i grandi sanno fare.

Subito accanto a questi metto i libri illustrati di Frans Masereel, che Kurt Wolff di Monaco ha ora

pubblicato anche in edizione economica. *Il mio libro d'ore* e *Il sole* sono vere e proprie testimonianze dei nostri tempi, dell'umanità nel suo disagio e nella sua esaltazione di oggi, testimonianze più vive e più attendibili di quelle che possono lasciare mille altre opere; il loro slancio, il loro pathos gioioso, la loro riflessività parlano anche a tutte quelle persone che nulla riesce a convincere. Nessun altro artista esprime il gusto per la vita del nostro tempo con più forza e in modo più comprensibile alla gente.

Nella *Freccia nel cielo* di Chesterton ho trovato un racconto molto brillante. Una testa eccellente questo Chesterton, incontrarlo è una gioia ogni volta. Ma è un peccato, in fondo, che un uomo di tal levatura non faccia altro che scherzi arguti. Speriamo che il gioco sia solo un intervallo nel suo lavoro di scrittore!

A volte leggo anche volentieri la prosa minuta di Polgar, che sembra senza pretese ed è invece di gran valore. Di lui è appena uscito un nuovo libro, *Orchester von oben* [*Orchestra dall'alto*], presso Rowohlt.

Due pomeriggi li ho anche passati nel muschio, sotto un vecchio castagno ancora spoglio, con le *Lettere di artisti sull'arte*, una scelta di lettere di pittori e altri artisti di cinque secoli, redatta da Uhde-Bernays; dei cinque secoli è tuttavia il diciannovesimo a fare la parte del leone. Regalerò questo bel libro a un giovane pittore, perché gli faccia compagnia nel suo primo viaggio a Parigi.

E poi ho letto *Il castello* di Franz Kafka, un'ope-

ra colma di profondità e di magia. In Germania dovrebbero esserci ancora un po' di persone capaci di rendere giustizia a un'opera letteraria godendone, e anche se ciò fosse solo una fantasia, io mi rivolgo a questa comunità di fantasia e le prometto che nel *Castello* di Kafka troverà un'autentica pietra preziosa. Dovessero esistere ancora un paio di veri lettori, in questo romanzo troveranno la magia e la ricchezza di relazioni di un sogno, la purezza di una logica onirica, ma anche una prosa di pulizia e rigore veramente unici.

Presto qui sarà estate. Presto il bosco diventerà di un verde intenso e s'infoltirà, nelle radure crescerà in fretta l'erbetta tenera, e di notte sentirò ululare le civette – anche la civetta è un uccello di cui io ho una grande considerazione, non minore di quella che ho per il cuculo. Anche lei è timida e si fa vedere raramente ed è capace di volare in modo morbido e silenzioso, così come vola una nuvola, in più è un uccello rapace, con gli artigli e il becco affilati e saldi, ed è più intelligente di molti altri animali, per non parlare degli uomini. Presto sarà estate, riempiranno il bosco nuovi suoni, nuovi profumi, nuovi colori, e ciò che oggi sbuca dalla terra, verde, piccolo e ancora in germoglio, sarà diventato vecchio, duro e bruno. E anche il cuculo ammutolirà, anche lui, e solo il sole continuerà a risplendere, e le stelle, e gli editori seguiteranno a spedire come prima i loro eccellenti libri.

1927

Selva Nera

Fughe di colli di rara bellezza,
montagne scure, fulgidi prati,
rupi rossicce, voragini brune
coperte d'un velo d'ombre d'abeti!

Quando il pio suono d'un campanile
su voi si fonde con il mugghiare
della tempesta nell'abetaia,
posso stare in ascolto lunghe ore.

M'afferra allora – come una fiaba
letta presso il camino a sera –
la memoria di quelle giornate
quando qui era la mia dimora.

Qui lontananze più pure, più tenere,
qui montagne coronate d'abeti,
più felici e più lussureggianti
splendevano ai miei occhi infantili.

Dall'altra parte c'era una vecchia locanda, di cui riconobbi da lontano il tetto. Stava lì, come al solito, ma sembrava stranamente cambiata, non capii subito perché. Solo quando mi sforzai di ricordarne i dettagli, mi venne in mente che davanti alla locanda c'erano sempre stati due grandi pioppi. Questi pioppi non c'erano più. Un'antichissima scena familiare era andata distrutta, un luogo caro era stato profanato.

Allora si destò in me un cattivo presagio, che fossero molte le cose andate in rovina, anche le più nobili. All'improvviso ebbi la sensazione, nuova e paralizzante, di quanto intensamente amassi la mia patria, di quanto profondamente il mio benessere interiore dipendesse da questi tetti e da questi campanili, da questi ponti e da queste vie, dagli alberi, dai giardini e dai boschi. In preda a un'eccitazione e una preoccupazione mai provate, mi misi a correre, finché non raggiunsi quel posto che era stato un tempo di festa.

Là mi fermai e vidi il luogo dei miei più cari ricordi devastato, ridotto alla distruzione più completa. I vecchi castagni, all'ombra dei quali avevamo trascorso i nostri giorni più lieti e i cui tronchi da ragazzini riuscivamo a malapena ad abbracciare unendoci in tre, in quattro, giacevano spezzati, spaccati, con le radici strappate e rivoltate, tanto da lasciare nel terreno buchi giganteschi. Neanche uno era più al suo posto, era uno spaventoso cam-

po di battaglia, e anche i tigli e gli aceri erano caduti, un albero accanto all'altro. L'ampio spiazzo era un gigantesco ammasso di rami, tronchi spaccati, radici e zolle di terra; tronchi possenti stavano ancora nel terreno, ma curvi e attorcigliati, con migliaia di schegge bianche.

Era impossibile andare avanti, lo spiazzo e la strada erano bloccati da tronchi capovolti e da ammassi di legna che raggiungevano l'altezza di una casa, e nel luogo dove fin dall'infanzia avevo conosciuto soltanto santa ombra e alti templi di alberi, il cielo vuoto si affacciava sulla distruzione.

Era come se fossi stato anch'io strappato via insieme a quelle radici e sputato nella luce abbagliante e impietosa del giorno. Per giorni vagai qua e là e non trovai più alcun sentiero per il bosco, nessuna familiare ombra di noce, nessuna quercia dei tempi delle scalate della fanciullezza; dappertutto, per un ampio tratto intorno alla città, solo macerie, buche, pendii boscosi distrutti, falciati come erba, alberelli piangenti con le radici denudate e rivolte al sole. Tra me e la mia infanzia si era aperto un baratro, e la mia patria non era più quella di un tempo. La grazia e la spensieratezza degli anni che erano stati mi abbandonarono e ben presto lasciai la città per diventare un uomo ed essere promosso alla vita, le cui prime ombre mi avevano accarezzato in quei giorni.

1913

Pagina di diario

Sul pendio dietro la casa
Oggi ho scavato tra radici e pietre
Una buca assai profonda,
Da essa ho tolto tutti i sassi
Ed ho portato via la fragile terra delicata.
Poi in ginocchio per un'ora nel vecchio bosco
Ho estratto qua e là con la paletta e con le mani
Dagli ammuffiti ceppi del castagno
Quel nero, fradicio terriccio
Che sa di caldi funghi profumati,
Due pesanti bacinelle piene, l'ho portato laggiù
E ho piantato nella buca un albero,
Piano l'ho circondato di schiumosa terra,
Adagio ho versato acqua scaldata al sole
Ho rinfrescato e lavato la tenera radice.

Ora cresce, giovane e fresco, e crescerà
Anche se noi scompariremo e dei nostri giorni
La rumorosa grandezza e l'infinita miseria
Saranno dimenticate e la loro folle angoscia.
Lo piegherà la tempesta. Il vento lo scompiglierà,
Il sole gli sorriderà, lo stringerà l'umida neve,
L'abiteranno il lucherino e il picchio,
Ai suoi piedi scaverà il riccio silenzioso.
E qualunque cosa abbia subito, patito, sofferto
Nel corso degli anni, l'animale incostante,
Malattia, guarigione, il vento e il sole amico,
Per lui i giorni trascorreranno nel canto
Di fronde che stormiscono, cullato

Dal caro gesto delle sue dolci cime,
Nel tenero alito soave del succo resinoso
Che bagna i suoi fiori addormentati,
Nel giuoco eterno di ombre e di luci
Che giuoca felice con se stesso.

1939

La fioritura dei tigli

Adesso i tigli sono rifioriti davvero e la sera, quando comincia a far buio ed è finito il faticoso lavoro, giungono le donne e le fanciulle, salgono in cima alle scale appoggiate ai rami e riempiono un cestino di fiori di tiglio. Più tardi, quando qualcuno si ammalerà e avrà bisogno di cure, ne faranno una tisana medicinale. Hanno ragione; perché il calore, il sole, la gioia e il profumo di questa stagione meravigliosa dovrebbero passare senza trarne giovamento? Perché non dovrebbe restare nei fiori o altrove qualcosa di concentrato e tangibile, in modo che noi lo si possa prendere, portare a casa e trarne conforto in tempi freddi e cattivi?

Ah, se solo si potesse conservare un sacchetto di tutto ciò che è bello e risparmiarlo per i tempi grami! A dire il vero, però, sarebbero solo fiori artificiali con un profumo artificiale. Ogni giorno la pienezza del mondo ci passa accanto mormorando; ogni giorno fioriscono fiori, risplende la luce, ride la gioia. A volte ne beviamo fino a dissetarci, altre volte siamo stanchi e annoiati e non vogliamo saperne; ma la bellezza ci circonda sempre in abbondanza. Questa è la grandiosità di ogni gioia, che giunge senza che la si sia guadagnata e non può mai essere venduta; è libera ed è per ognuno un dono di Dio, come il profumo dei fiori di tiglio portato dal vento. Le donne che se ne stanno, instancabili, tra i rami a raccogliere i fiori, dopo avranno una tisana per l'affanno e la febbre, ma

non godono il meglio, non godono il momento squisito della fioritura. E non lo fanno nemmeno le coppie di innamorati che passeggiano le sere d'estate nella loro dolce e languida ebbrezza; è invece il viandante a gustarlo, il viandante che passa e respira profondamente. È lui a cogliere il migliore, il più delicato di tutti i piaceri poiché, oltre ad assaporare ogni gioia, è anche consapevole della sua fugacità. A lui importa poco di non poter bere a ogni fontana ed è abituato anche all'abbondanza; per questo non va in cerca di ciò che ha perduto e non desidera mettere subito le radici ovunque sia stato bene. Ci sono certi turisti che anno dopo anno si recano nello stesso luogo e ce ne sono molti che non riescono ad accomiatarsi da una bella veduta, senza ripromettersi di farvi presto ritorno. Saranno brave persone, ma non sono buoni viandanti. Hanno qualcosa della languida ebbrezza delle coppie di innamorati e qualcosa dello zelo delle donne che raccolgono i fiori di tiglio. Ma non hanno l'animo tranquillo e lieto del viandante, che mai mette radici.

Qui ne è passato uno ieri, un giovane artigiano ambulante, che ha salutato le raccoglitrici e gli abitanti con una beffa. Ha portato via la scala dal tiglio grande, su cui c'era un mucchio di donne, e, anche se sono stato proprio io a riappoggiare la scala e a calmarle, lo scherzo mi è piaciuto.

Oh, voi garzoni ambulanti, lieti e senza problemi! Seguo con lo sguardo ognuno di voi come fosse un re, con stima, ammirazione e invidia, anche se gli ho appena regalato una monetina. Ognuno

di voi, anche il più trasandato, ha in testa una corona invisibile; ognuno di voi è una persona baciata dalla fortuna, è un conquistatore. Anch'io sono stato simile a voi e conosco il sapore del peregrinare, del toccare un suolo straniero. È un sapore dolce, nonostante la nostalgia, l'indigenza, l'insicurezza.

Dai vecchi alberi lungo il cammino, attraverso le tiepide sere estive, giunge sempre un profumo dolce come il miele. I bambini cantano giù sulla spiaggia e giocano con le girandole di carta rossa e gialla. Le coppie di innamorati passeggiano lente e pigre lungo le siepi e, nella polvere rosso-dorata della strada, api e bombi ronzano in cerchi estasiati diffondendo una dorata risonanza.

In realtà non invidio la dolce e languida ebbrezza delle coppie di innamorati lungo le siepi, così come non invidio l'innocente beatitudine dei bambini che giocano o il volo vertiginoso dello sciame di api. Invidio solo i garzoni ambulanti. Loro possegono il profumo e il segreto della fioritura di tutto.

Andare ancora una volta, giovane, ignaro, libero, sfrontato e curioso incontro al mondo; affamato, cibarsi di ciliegie ai bordi delle strade e tirare a sorte destra e sinistra agli incroci. Passare ancora una volta le brevi notti estive tiepide e profumate per strada, nel fieno; vivere ancora una volta un periodo di vagabondaggio in povere vesti in compagnia degli uccelli del bosco, delle lucertole e dei coleotteri! Questo varrebbe ben un'estate e un

paio di suole di stivali nuove. Ma non può essere. Non serve cantare le vecchie canzoni, brandire il vecchio bastone da viandante, andare per le vecchie, care, polverose strade immaginandosi di essere di nuovo giovane e che tutto sia come allora.

No, è passato. Non che io sia diventato vecchio o filisteo! Ah, io sono forse più folle e sfrenato che mai, e tra me e le persone intelligenti e i loro affari continua a non esserci alcuna comprensione e alcun legame stabilito. Io sento ancora, come nei tempi stimolanti della giovinezza, la voce della vita sorgere in me ed esortarmi, e non ho intenzione di esserle infedele. Ma non mi chiama più al vagabondaggio, all'amicizia, alla bisboccia con fiaccole e canti, è diventata più bassa e insistente e mi conduce su sentieri sempre più solitari, bui e silenziosi, che non so se finiranno nel piacere o nel dolore, ma che voglio e devo percorrere.

Da giovane l'età adulta me l'ero immaginata completamente diversa. Adesso è ancora un aspettare, un domandare, un essere inquieto, più struggimento che realizzazione. I fiori di tiglio profumano e garzoni ambulanti, raccoglitrici, bambini e innamorati sembrano ubbidire tutti a un'unica legge e sapere quello che devono fare. Solo io non so che cosa devo fare. Solo questo so: non mi è data in sorte né l'innocente beatitudine dei bambini che giocano né l'imperturbabile transitare del viandante, né la languida ebbrezza degli innamorati e nemmeno lo zelo delle raccoglitrici. In sorte mi è dato di seguire la voce della vita che echeggia in me, di

seguirla anche quando non so riconoscere il suo senso e il suo fine e anche se mi allontanerà sempre più dalla via che porta alla gioia per condurmi nel buio dell'incertezza.

1907

La locanda del girovago

Che cosa strana e misteriosa
Che di continuo ogni notte
Scorra via la quieta fonte,
Dell'acero ombroso fredda custode.

E come un soffio sempre
Sul comignolo giace il chiaro di luna
E attraverso l'aria fredda e scura
Passa una schiera fragile di nubi.

Tutto permane e dura,
ma noi una notte riposiamo
e sulla terra ancora andiamo errando,
E nessuno di noi vien ricordato.

E forse dopo qualche anno
Cade nei nostri sogni una fontana,
Un comignolo e una porta, com'era
Com'è ancora e come sarà domani.

Qui anche un cenno di patria risplende
E fu soltanto troppo breve sosta
Straniero asilo per l'ospite straniero
Che non conosce più città né nome.

Che cosa strana e misteriosa
Che di continuo ogni notte
Scorra via la quieta fonte,
Dell'acero ombroso fredda custode.

Compianto per un vecchio albero

Da ormai dieci anni, dalla fine dell'ultima guerra, la mia compagnia quotidiana non sono più gli esseri umani. Certo non mi mancano amici e amiche, ma il rapporto con loro è un'occasione festiva, non quotidiana, mi fanno visita di tanto in tanto oppure sono io che visito loro: mi sono disabituato alla convivenza con altre persone. Vivo solo e così avviene che nei piccoli rapporti quotidiani le cose abbiano preso a poco a poco il posto delle persone. Il bastone con cui vado a passeggio, la tazza da cui bevo il latte, il vaso sul tavolo, la scodella con la frutta, il portacenere, la lampada a stelo con il paralume verde, il piccolo Krishna indiano di bronzo, i quadri alle pareti e, lasciando per ultima la cosa migliore, i molti libri sugli scaffali del mio piccolo appartamento, sono le cose che, quando mi sveglio e prima di addormentarmi, quando mangio e quando lavoro, nei giorni belli e in quelli brutti, mi tengono compagnia, le cose che per me hanno il significato di volti familiari e mi danno la piacevole sensazione di una patria e di una casa mia.

Molti altri ancora sono gli oggetti che si possono considerare miei familiari. La vista, il tatto di queste cose, il loro muto servizio, il loro muto linguaggio mi sembrano cari e insostituibili, e se uno di questi oggetti mi abbandona e si separa da me, quando una vecchia scodella si rompe, quando un vaso cade, quando un coltellino da tasca va smarri-

to, per me è una perdita, devo dar loro l'addio e raccogliermi un momento per dedicare loro un elogio funebre.

Anche il mio studio, con le sue pareti un po' storte, la sua vecchia tappezzeria color oro completamente sbiadita, le molte crepe nell'intonaco del soffitto, è uno dei miei compagni e amici. È una bella stanza, sarei perduto se mi venisse tolta. Ma la cosa più bella che ha è l'apertura che conduce su un balconcino. Da lì non vedo soltanto il Lago di Lugano fino a San Mamete, con le insenature, le montagne e i paesi, dozzine di paesi vicini e lontani, ma vedo anche dall'alto, ed è la cosa che preferisco, un vecchio, tranquillo giardino incantato, dove alberi vecchi e venerabili si cullano al vento e alla pioggia, dove su piccole terrazze digradanti ci sono palme belle e alte, camelie rigogliose, rododendri e magnolie, dove crescono il tasso, il faggio rosso, il salice indiano, l'alta magnolia sempreverde. Questo scorcio dalla mia camera, queste terrazze, i cespugli e gli alberi fanno parte di me e della mia vita ancor più delle stanze e degli oggetti, sono le mie vere amicizie, i miei parenti più prossimi; io vivo con loro, stanno dalla mia parte, mi posso fidare di loro. E quando getto uno sguardo su questo giardino, esso non mi dà solo quello che dà allo sguardo, rapito o indifferente, di qualsiasi estraneo, ma infinitamente di più, perché questo quadro mi è familiare da anni e anni, mi è noto a ogni ora del giorno e della notte, in ogni stagione e condizione atmosferica; conosco il fogliame di ogni albero, così come i suoi fiori e i suoi frutti, in

ogni stadio del divenire e del morire, ognuno di essi è mio amico, di ognuno io solo so i segreti. Perdere uno di questi alberi per me significa perdere un amico.

Quando sono stanco di dipingere o di scrivere, di meditare o di leggere, il balcone e la vista sulle cime degli alberi che guardano verso di me sono il mio sollievo. Qui ho letto ultimamente, rammaricandomi che quel libro straordinario finisse così presto, *Rosa alchemica* di Yeats: racconti magici del mondo gaelico, ricchi di antica mistica semipagana, misteriosi e traboccanti di cupo ardore. Qui ho sfogliato i *Reisebriefe eines Artisten* [*Lettere di viaggio di un artista*] di Joachim Ringelnatz e ho gustato l'umorismo di questo scrittore, che non è leggero, anzi è un umorismo amaro, sospeso tra ebbrezza e disperazione. Salve a te, fratello Ringelnatz! E qui ogni tanto scorro anche per una mezz'oretta le pagine dei due volumi della *Sittengeschichte Griechenlands* [*Storia dei costumi della Grecia*] di Hans Licht, dove fra un'illustrazione e l'altra, e per lo più proprio attraverso le illustrazioni, si narrano cose molto interessanti e invidiabili sulla vita amorosa dei greci.

In primavera c'è un periodo in cui il giardino è di un colore rosso acceso per la fioritura delle camelie, e d'estate fioriscono le palme e in alto, sugli alberi, si arrampica il glicine azzurro. Ma il salice indiano, un minuscolo albero esotico, che nonostante la sua statura ha un aspetto vecchissimo e sembra rabbrividire dal freddo per metà dell'anno, il salice indiano si azzarda solo a stagione inoltrata

a mettere le foglie e comincia a fiorire solo verso la metà di agosto.

Tuttavia il più bello di questi alberi non c'è più, la tempesta l'ha abbattuto qualche giorno fa. Lo vedo disteso per terra, non l'hanno ancora portato via, un gigante vecchio e massiccio con il tronco spezzato e malridotto, e vedo, nel posto in cui si ergeva, uno squarcio ampio ed enorme oltre il quale occhieggiano il lontano bosco di castagni e alcune cascine fino ad ora invisibili.

Era un albero di Giuda, l'albero al quale si è impiccato il traditore del Salvatore, ma non rivelava quest'origine angosciosa, oh no, era l'albero più bello del giardino, ed è stato proprio per causa sua che alcuni anni fa ho affittato questo appartamento. Alla fine della guerra giunsi da queste parti, solo, come un profugo, la mia precedente esistenza era fallita ed ero alla ricerca di un asilo per lavorare e meditare e ricostruirmi da dentro il mondo distrutto. Cercavo un piccolo appartamento, e quando visitai quello in cui vivo attualmente non mi sembrò male, ma il momento decisivo fu quello in cui la padrona di casa mi condusse sul balconcino. Improvvisamente si aprì sotto di me il giardino di Klingsor e nel bel mezzo di esso risplendevano i fiori rosa chiaro di un enorme albero, di cui chiesi subito il nome. Ed ecco, era l'albero di Giuda e finora, anno dopo anno, ha messo milioni di fiori rosati, che crescono quasi attaccati alla corteccia, un po' come i fiori di stecco; la fioritura durava da quattro a sei settimane, e poi, prima spuntava il fogliame verdechiaro e più tardi in questo fogliame

verdechiaro una gran quantità di misteriosi baccelli, color porpora scuro.

Se si chiede qualcosa dell'albero di Giuda a un vocabolario, non si scoprono cose molto intelligenti. Di Giuda e del Salvatore nemmeno una parola! Invece c'è scritto che questa pianta appartiene alla famiglia delle leguminose e viene chiamata *Cercis siliquastrum*, che la sua patria è l'Europa meridionale e che compare qua e là come arbusto ornamentale. Lo si chiama anche « falso pane di Giovanni ». Sa Dio come sono finiti insieme il vero Giuda e il falso Giovanni! Ma leggendo le parole « arbusto ornamentale » non posso fare a meno di ridere anche nel pieno del rammarico. Arbusto ornamentale! Era un albero, un gigante di albero con un tronco molto più robusto di quanto io non sia mai stato, e la sua cima saliva dalla profonda conca del giardino fino quasi all'altezza del mio balcone, era un esemplare magnifico, un vero albero maestro! Non avrei voluto trovarmi sotto quell'arbusto ornamentale durante la tempesta, quando aveva perso le forze ed era crollato come un vecchio faro.

In ogni caso quest'ultimo periodo non aveva nulla di esaltante. L'estate era improvvisamente caduta ammalata e si sentiva vicina la sua morte. Al primo giorno di pioggia autunnale dovetti accompagnare al cimitero il mio amico più caro (non un albero, ma un uomo), e da allora, nelle notti già fresche e durante le frequenti piogge, non ero riuscito più a riscaldarmi e accarezzavo già l'idea di

partire. C'era afrore di autunno, di decadenza, di bare e corone funerarie.

Ed ecco che una notte, quale strascico tardivo di qualche uragano oceanico, si leva, portata dal vento, una selvaggia tempesta da sud, che sferza le vigne, rovescia i camini, demolisce persino il mio balconcino di pietra e nelle ultime ore porta con sé anche il mio vecchio albero di Giuda. Mi ricordo ancora come amavo da giovane, nei meravigliosi racconti romantici di Hauff e di Hoffmann, le descrizioni delle grandiose tempeste equinoziali che imperversavano in modo tanto tremendo! Ah, era proprio così, il vento caldo e pesante premeva in modo altrettanto terribile, selvaggio e opprimente come se arrivasse nella nostra valle tranquilla direttamente dal deserto, a portare a compimento il suo disastro. Fu una brutta notte, neanche un minuto di sonno; a parte i bambini piccoli, neanche una persona chiuse occhio in paese e al mattino c'erano per terra le tegole rotte, i vetri delle finestre infranti, i vitigni spezzati. Ma per me il peggio, l'irreparabile, è l'albero di Giuda. Certo, al suo posto verrà piantato un fratello più giovane, vi si è già provveduto, ma quando avrà raggiunto anche solo la metà dell'imponenza del suo predecessore io non ci sarò più da un pezzo.

Quando, sotto l'incessante pioggia autunnale, ho sepolto il mio caro amico e ho visto la bara scomparire nella fossa bagnata, avevo una consolazione: lui aveva trovato la pace, si era sottratto a questo mondo che non era stato buono con lui, era approdato a un'altra riva, abbandonate la lotta e le

preoccupazioni. Nel caso dell'albero di Giuda questa consolazione non c'è. Solo noi poveri uomini, quando uno di noi viene sepolto, possiamo dirci per modesta consolazione: « Adesso sta bene, in fondo è da invidiare ». Nel caso dell'albero di Giuda non lo posso dire. Senz'altro non voleva morire; un anno dopo l'altro, fino a una veneranda età, ha generato con entusiasmo e vanto i suoi milioni di fiori luccicanti, lieto e operoso li ha trasformati in frutti, ha colorato prima di marrone, poi di porpora i verdi baccelli e non ha mai invidiato la morte a nessuno di quelli che ha visto morire. Probabilmente non aveva molta stima di noi uomini. Forse ci conosceva già dai tempi di Giuda. Adesso la sua gigantesca salma giace in giardino e nella caduta ha trascinato verso la morte intere popolazioni di piante più piccole e più giovani.

1927

Giorni di canicola

Ora nell'arida ginestra declinante,
Sulla bruna pietra, sulla dorata polvere,
Sulle gialle fronde dell'acacia
L'estate sfoga un impeto eccessivo
E dentro se stessa si arroventa!
Neri succhi sprigiona l'arido baccello
E la stella della sera pende grave
Come frutto maturo al firmamento,
Polso in battiti febbrili
E condensato ribollir dell'aria.
Dove già in fremiti gioiosi
Scorreva la vita fresca e risplendente
Ansima l'estate furibonda
Sulle alture. Essa non vuol durare,
Anela a una fatale ebbrezza,
La morte l'ha chiamata: su magri cavalli
Si trascina e lascia la terra
Esausta, riarsa e inaridita.

In un sospiro si accasciano l'erba e il fogliame
E stridono scricchiolando come vetro.

Contrasti

È estate inoltrata e già da settimane è in fiore la grande magnolia davanti alla mia finestra; è un simbolo dell'estate meridionale, nel suo modo di fiorire apparentemente pigro, apparentemente lento e imperturbabile, ma in realtà rapido e dissipato. Degli enormi calici di fiori candidi solo pochi, al massimo otto o dieci, stanno aperti contemporaneamente, così l'albero durante i due mesi della sua fioritura ha sempre lo stesso aspetto, mentre questi fiori magnifici e giganteschi sono invece molto effimeri: nessuno di loro vive più di due giorni. Il fiore, dai boccioli pallidi, sfumati di verdognolo, si apre nella maggior parte dei casi al mattino presto, ondeggia bianchissimo e magicamente irreale, riflettendo la luce come l'Atlante innevato, con le rigide foglie sempreverdi e una cupa lucentezza; ondeggia per un giorno, giovane e splendido, quindi comincia delicatamente a trascolorare, a ingiallirsi ai bordi, a perdere la forma, a invecchiare con una commovente espressione di stanchezza e di rassegnazione, e anche la sua vecchiaia dura solo un giorno. Poi il fiore candido è già scolorito, è diventato color cannella e i petali, ieri come l'Atlante innevato, sono oggi al tatto come morbida pelle scamosciata: un velluto di sogno, tenero come un alito e tuttavia compatto, anzi ruvido. E così, giorno dopo giorno, la mia grossa magnolia porta i suoi fiori immacolati, che sembrano sempre gli stessi. Un profumo delicato, eccitan-

te, squisito, che ricorda quello dei limoni freschi, ma più dolce, giunge dai fiori fin quassù nel mio studio. La grande magnolia estiva (da non confondersi con la magnolia primaverile conosciuta anche al nord) non è sempre mia amica, per quanto bella possa essere. Ci sono stagioni in cui la guardo con esitazione, anzi con inimicizia. Lei cresce e cresce e nei dieci anni in cui è stata mia vicina si è talmente allungata che il mio balcone nei mesi autunnali e primaverili ha perso il poco sole mattutino. È diventata un gigante, che spesso nella sua figura forte e possente mi sembra un giovane robusto e un po' goffo, cresciuto troppo in fretta. Adesso però, durante il periodo estivo della fioritura, si erge solenne, piena di tenera dignità, stormisce nel vento con le sue foglie rigide, lucenti, come laccate e vigila guardinga sui suoi teneri fiori, troppo belli e troppo effimeri.

Di fronte a quest'albero e ai suoi giganteschi fiori pallidi ce n'è un altro, un nano. Si trova sul mio balconcino, piantato in un vaso. È un tozzo alberello nano, della famiglia dei cipressi, alto neanche un metro, ma quasi quarantenne, un piccolo nano nodoso e altero, ora commovente e ora comico, pieno di dignità eppure originale, che suscita il riso. L'ho ricevuto recentemente in dono per il mio compleanno, e adesso è lì e tende i suoi rami pieni di carattere, come scolpiti da tempeste decennali, ma lunghi un dito, e guarda imperturbabile quel suo gigantesco fratello, due fiori del quale basterebbero a coprire il nano orgoglioso. Questo non lo imbarazza, lui sembra non vedere il grande e

grosso fratello magnolia, una foglia del quale è grande come un ramo dei suoi. Si erge nella sua strana minuscola monumentalità, raccolto in se stesso in severa riflessione, con un aspetto secolare, così come spesso indicibilmente vecchi o senza tempo possono apparire gli uomini nani.

A causa della violenta calura estiva che ci assedia da settimane io esco poco, vivo nelle mie due stanzette, dietro le persiane chiuse e i due alberi, il gigante e il nano, sono la mia compagnia. La gigantesca magnolia mi sembra il simbolo della crescita, di tutta la vita istintiva e naturale, di tutta la spensieratezza e della lubrica fertilità. Il nano silenzioso, al contrario, non c'è dubbio, è al polo opposto: non ha bisogno di così tanto spazio, non spreca, aspira all'intensità e alla durata, non è natura, ma spirito, non è istinto, ma volontà. Caro piccolo nanerottolo, come sei bizzarro e avveduto, tenace e primordiale!

Salute, abilità e spensierato ottimismo, ridanciano rifiuto di tutti i problemi profondi, arte del vivere gustando l'attimo – ecco il motto della nostra epoca; in questo modo il nostro tempo spera di eludere l'opprimente ricordo della guerra mondiale. Lontano dai problemi, esageratamente stupido, incredibilmente felice e sorridente, ecco questo ottimismo alla moda, ogni giorno ornato di nuovi splendidi fiori, le foto di nuove stelle del cinema, i numeri di nuovi record. Che tutte queste grandezze siano momentanee, che tutte queste foto e tutti questi record durino solo un giorno, non preoccupa nessuno, tanto ne arrivano sempre di nuovi. E

di fronte a questo ottimismo un po' troppo tronfio, un po' troppo stupido, che considera la guerra e la miseria, la morte e il dolore pure sciocchezze partorite dalla fantasia umana e non vuole saperne di alcuna preoccupazione e di alcuna problematica – di fronte a questo ottimismo ingigantito, ispirato al modello americano, lo spirito è stimolato a identiche esagerazioni, a criticare doppiamente, ad approfondire problematiche, a rifiutare caparbiamente questa visione infantile e luccicante del mondo, così come la riflettono le filosofie alla moda e i giornali illustrati.

Così me ne sto tra i miei due vicini alberi, la magnolia magnifica e vitale e il nano straordinariamente smaterializzato e spiritualizzato, a contemplare il gioco degli opposti; rifletto, sonnecchio nella calura, fumo e aspetto che si faccia sera e spiri un po' d'aria fresca dal bosco.

E in quello che faccio, leggo, penso, ovunque incontro lo stesso contrasto del mondo odierno. Ogni giorno ricevo un paio di lettere, lettere di sconosciuti nella maggior parte dei casi, cordiali, a volte accusatorie, e tutte trattano dello stesso problema; o sono di un ottimismo inaudito, e allora non riescono mai a biasimare a sufficienza, a deridere, a compatire me e il mio pessimismo; oppure mi danno ragione, mi danno ragione in modo fanatico ed esagerato, per profonda miseria e disperazione.

Naturalmente hanno ragione entrambi, magnolia e albero nano, ottimisti e pessimisti. Solo che io

ritengo più pericolosi i primi, poiché non posso vedere la loro irruente contentezza, il loro ridere di cuore senza ricordarmi di quell'anno 1914 e di quell'ottimismo, apparentemente tanto sano, in base al quale popoli interi trovavano tutto magnifico ed entusiasmante e minacciavano di mettere al muro chiunque ricordasse loro che le guerre erano imprese piuttosto pericolose e violente, e che potevano anche finire male. Ora, i pessimisti vennero in parte derisi, in parte messi al muro, e gli ottimisti festeggiarono il loro grande momento, giubilarono e vinsero per anni finché con il loro giubilo e le loro vittorie non sfinirono se stessi e la loro congrega e all'improvviso crollarono e toccò ai pessimisti consolarli e incoraggiarli a continuare a vivere. Io quell'esperienza non riesco a dimenticarla.

No, naturalmente noi intellettuali e pessimisti non abbiamo ragione, quando ci limitiamo a denunciare, a giudicare, a deridere la nostra epoca. Ma alla fine anche noi intellettuali (ci chiamano romantici e in ciò non c'è niente di amichevole) non dovremmo essere parte della nostra epoca e avere anche noi il diritto di parlare a suo nome e di rappresentare una parte di essa, come i campioni di pugilato e i fabbricanti di automobili? Senza falsa modestia rispondo in modo affermativo a questa domanda.

I due alberi, nella loro contrapposizione, sono come tutte le cose della natura, inconsapevoli dei contrasti, ognuno sicuro di sé e dei suoi diritti, ognuno forte e tenace. La magnolia si gonfia di

umore, i suoi fiori mandano un profumo intenso. E l'albero nano si ritrae più profondamente in se stesso.

1928

Notte tempestosa

Il fico ondeggia nel vento impetuoso
Di nuovo come serpi sono attorti i rami,
Oltre le brulle alture sale la luna
Al disertato cielo e d'ombre anima lo spazio,
Tra nubi ondeggianti come barche luminose
Parla a se stessa trasognata e la notte incanta
Sopra un lago muto di poesia e mistero,
Nel mio cuore sorge una musica profonda
E l'anima si ridesta a un ardente desiderio,
Si sente giovane e richiamata indietro nel flusso
della vita,
Lotta con il destino, gli errori presagisce,
A sé sussurra canti e giuoca al sogno della sorte,
Vorrebbe ricominciare, della passata giovinezza
Il caldo impeto evocare nel gelido presente,
Vorrebbe andare e chiedere e fino alle stelle
Portare il misterioso scampanìo del desiderio
errante.
Chiudo esitando la finestra, accendo la luce,
Vedo in attesa i bianchi cuscini risplendenti,
So la luna sul mondo e la ventosa poesia di nubi
Sul giardino argentato nel vento impetuoso,
Di nuovo ritrovo le cose abituali
E fino al sonno ascolto la canzone della mia
giovinezza.

Mezzogiorno estivo in un casolare di campagna

Di tigli e di castagni secolari
S'ode il fruscìo nella leggera brezza,
La fonte brilla e volteggia felice
All'aria aperta, in questa ora
Sui rami stanno uccelli muti.
Fuori la strada tace nel meriggio ardente,
Cani assonnati si sdraiano nell'erba,
Carri di fieno stridono lontano nella torrida
  campagna.

Sediamo all'ombra, noi anziani,
Un libro in grembo, gli occhi bassi per la luce,
Cullati dolcemente dal meriggio estivo,
Nel segreto ricordo del passato,
Estate e inverno per lui più non albeggiano
Eppure negli atri e sulle strade
Per noi è un presente vicino e invisibile
E tra Qui e Là getta dei ponti.

Elegia di settembre

Solenne suona la sua canzone tra scuri alberi la
pioggia,
Già sulla selva, al monte, un cupo brivido
trascorre.
Amici, ecco l'autunno come un'occhiata che la
selva spia;
Vuoto il campo irrigidisce, solo da uccelli è
abitato.
Ma già sul pendio meridionale il grappolo matura
sulle canne,
Fuoco e intimo conforto serba nel grembo
benedetto.
E tutto quanto ora stormisce in verdi succhi
Tra poco si spegnerà nel gelo, morto tra nebbie
e nevi;
Solo il caldo vino e il frutto sul tavolo ridente
Rosseggeranno ancora dello splendore estivo.
Così anche per noi il senso invecchia e assapora
nell'inverno esitante,
Gradito fuoco ardente, il vino della memoria,
Mentre beate ombre di giorni e di giochi svaniti
Traverseranno il cuore in silenziosa danza.

Castello di Bremgarten

Chi piantò questi vecchi castagni,
chi libò dalle fonti di pietra,
chi danzò nella sala addobbata?
Sommersi, lontani, dimenticati.

Oggi è a noi che il giorno risplende,
a noi gorgheggiano gli uccelli amabili,
sediamo attorno a tavole e lumi
a celebrare con libagioni l'eterno presente.

E quando saremo dimenticati e lontani
continueranno i merli a cantare
sugli alti alberi, il vento a fischiare
e in basso il fiume agli scogli schiumare.

E nella sala al grido serotino
del pavone siedono altri.
Parlano, vantano che tutto è bello,
passano barche in sventolio di drappi
e sorride l'eterno presente.

Albero in autunno

Con le fredde notti d'ottobre
Il mio albero lotta disperato
Per la sua verde veste. L'ama, è triste,
Nei giorni felici la indossava,
Volentieri l'avrebbe conservata.

E ancora una notte, ancora
Un duro giorno. L'albero è stanco
E non combatte più, cede le membra tronche
Ad un volere ignoto
Che infine tutto lo sovrasta.

Ma rossodorato ora sorride
E felice riposa nel profondo azzurro.
Stanco alla morte si è donato
E l'autunno, il tenero autunno
D'un nuovo splendore l'ha adornato.

Quercia spezzata

Come ti hanno, albero, spezzato,
Come stai dritto nella tua stranianza!
Mille volte hai sopportato
Finché furono in te tenacia e volontà!
Io ti somiglio, con le mie ferite,
Non ho tradito la vita offesa
E ogni giorno dalle asprezze subite
Alzo ancora la fronte nella luce.
Quanto c'era in me di dolce e delicato
Il mondo l'ha ferito a morte,
Ma la mia natura è indistruttibile,
Sono appagato, soddisfatto,
Paziente metto nuove foglie
Sul ramo spezzato mille volte,
E a dispetto del dolore resto
Innamorato in questo pazzo mondo.

Descrizione di un paesaggio

Da una settimana vivo al pianterreno della villa, in un ambiente a me del tutto nuovo, un paesaggio del tutto nuovo, una società e una cultura del tutto nuove, e siccome per ora in mezzo a questo mondo nuovo sono solo e i giorni autunnali nella tranquillità del mio studio grande e bello diventano lunghi da passare, per ingannare il tempo comincio a fare queste annotazioni. È una specie di lavoro, dà una parvenza di senso alla mia giornata solitaria e vuota ed è, almeno, un'occupazione che fa meno danni del lavoro ben pagato di tanti altri.

Il mio luogo di soggiorno si trova molto vicino al confine cantonale e linguistico, dalla parte francese. Sono ospite di un amico che dirige un sanatorio e vivo accanto all'istituto, che presto conoscerò da vicino sotto la guida del medico. Per ora ne so poco, se non che fa parte di un ampio appezzamento di terreno coperto di belle aiuole; è un'antica residenza signorile, una bella e gigantesca costruzione che ha l'aria di un castello e che racchiude molti cortili interni e, come mi si dice, un gran numero di pazienti, custodi, medici, infermiere, operai e impiegati. Di tutti questi suoi abitanti, io, che vivo in una delle nuove costruzioni, non ne vedo né ne sento alcuno. In estate sarà certamente diverso, ma adesso, in novembre, non c'è nessuno seduto sulle panche verdi del giardino, e quando, per alcune volte al giorno, faccio la mia piccola passeggiata attraverso il parco o mi reco

nella grande casa per chiedere qualcosa in ufficio o consegnare la posta, nei vialetti, sulle scale e nei corridoi riecheggianti, nelle piazzuole ghiaiose e nei cortili incontro al massimo un'infermiera frettolosa o un operaio o un aiuto giardiniere, e nell'enorme edificio regna un completo silenzio, come se fosse disabitato.

L'ampio edificio del sanatorio, la nostra villetta con due appartamenti per i medici, alcune costruzioni moderne, che ospitano la cucina, la lavanderia, i garage, le stalle, la falegnameria e altre botteghe d'artigiani, si trovano, insieme ai giardini con le loro aiuole e le loro serre, nel mezzo di un vasto parco d'impronta grandiosa, feudale e allo stesso tempo civettuola. Questo parco, le cui terrazze, viali e scale digradano dolcemente dalla casa padronale verso la riva del lago, per il momento, siccome non posso fare lunghe passeggiate, rappresenta il mio paesaggio e il mio ambiente, e dedico ad esso la maggior parte della mia attenzione e del mio amore.

Quelli che l'hanno creato sembrano essere stati guidati da due tendenze, o meglio da due passioni: quella per la suddivisione romantico-pittorica dello spazio in superfici erbose e gruppi di alberi e quella di piantare e curare non solo alberi belli e ben ordinati, ma anche alberi insoliti, rari, esotici. Questo infatti, per quanto posso vedere, era l'uso dei proprietari di queste terre; inoltre l'ultimo signore e abitante della casa padronale doveva avere portato con sé la passione per le piante esotiche dal Sudamerica, dove possedeva piantagioni e si

dedicava all'esportazione del tabacco. Ora, nonostante capiti che queste due passioni, quella romantica e quella botanica, vengano a trovarsi in conflitto, qui il tentativo di conciliarle è sotto certi aspetti quasi perfettamente riuscito. Così, vagando per questo parco, ci si trova dapprima più attratti e allietati dall'armonia tra vegetazione e architettura, sedotti da scorci improvvisi e nobili vedute dello specchio lacustre e della facciata del castello, poi più allettati dalle singole piante, dal loro interesse botanico o dalla loro età o dalla loro vitalità e obbligati quindi a un'osservazione più accurata. Questo già subito vicino alla casa, dove, sulla terrazza più alta, semicircolare, spicca, in grossi vasi, un gran numero di piante meridionali, tra le quali un piccolo arancio, carico di minuscoli frutti sodi e lucenti, che non dà assolutamente quell'impressione gracile e sofferente o addirittura malcontenta che suscitano nella maggior parte dei casi le piante di un'altra latitudine trapiantate in un clima non familiare, ma con il suo tronco pieno, la sua corona tondeggiante e i suoi minuscoli frutti dorati sembra sano e contento. E non lontano da lui, più in basso e vicino alla riva, l'attenzione è catturata da una pianta bizzarra, più cespuglio che albero. Questa però non cresce in un vaso, ma nel terreno e porta frutti sferici piccoli e duri. È un raro cespuglio spinoso, molto caparbio e ben chiuso in sé a scopo di difesa, impenetrabile, con molti tronchi e molti rami, e i frutti non sono dorati come quelli dell'arancio nano. È un agrifoglio molto grosso e

molto vecchio, e passeggiando qua e là si incontrano, più avanti, alcuni suoi simili.

Accanto ad alberi della famiglia del tasso e del cipresso, dal profilo imponente e a volte persino bizzarro, si erge anche, solitario e forse malinconico, ma forte e sano, un baobab sprofondato nella sua perfetta simmetria come in un sogno, che porta frutti grossi e pesanti sui rami più alti, a dimostrazione che la solitudine non può nuocergli. A queste rarità, accortamente isolate nei prati e quindi raccomandate all'attenzione e all'ammirazione, si aggiunge un gran numero di alberi, consci, per così dire, del loro interesse e privi dunque di innocenza. In realtà non sono rari, ma piuttosto, trasformati dall'arte del giardinaggio, assumono un'aria eletta, trasognata. Si tratta soprattutto di betulle e salici piangenti, aristocratiche principesse dalle lunghe chiome, retaggio di un'epoca sentimentale. Tra loro c'è anche un grottesco abete piangente, il cui tronco a una certa altezza si china su se stesso con tutti i rami e tende di nuovo verso le radici. Da questa curvatura innaturale nasce un fitto tetto pensile, una capanna di rami, una grotta di abete, in cui un uomo può entrare, scomparire e dimorare come se fosse la ninfa di quest'albero bizzarro.

Tra i più begli alberi della nostra preziosa piantagione vi sono alcuni vecchi cedri sontuosi, il più bello dei quali tocca con i rami più alti la corona di una quercia dal tronco possente. È l'albero più vecchio della proprietà, più vecchio del parco stesso e della casa. Ci sono anche alcune prospere sequoie che si allungano più che innalzarsi, a ciò co-

strette dai venti forti e freddi che spirano sovente. Per me l'albero più splendido di tutto il parco non è uno dei distinti stranieri, ma un vecchio e venerabile pioppo bianco di dimensioni imponenti che a breve distanza da terra si divide in due possenti rami, ognuno dei quali, da solo, potrebbe essere l'orgoglio di un parco. Ha ancora tutto il fogliame, che dal grigio argenteo può scurirsi fino a un intenso grigio cupo attraverso una ricca scala di toni marroni, gialli e rosati, a seconda dei giochi di luce e di vento; i suoi colori però hanno sempre un che di metallico, una fragile durezza. Quando un forte vento gioca con queste corone gemelle e il cielo, come di tanto in tanto accade ancora in questi primi giorni di novembre, mantiene ancora un azzurro estivo umido e intenso oppure si vela di scuro a causa delle nubi, pare di assistere a uno spettacolo regale. Questo venerando albero sarebbe degno di un poeta come Rilke e di un pittore come Corot.

Il modello, lo stile ispiratore di questo parco è quello inglese, non quello francese. Si è voluto riprodurre in dimensioni ridotte un paesaggio che sembra cresciuto in modo naturale e, a tratti, si è quasi riusciti a creare questa illusione. Tuttavia, già il prudente riguardo all'architettura e l'amorevole cura della vegetazione e del tratto di terreno declinante verso il lago mostrano chiarissimamente che non si tratta di natura e vegetazione spontanea, ma di cultura, spirito, volontà e disciplina. E mi piace che il parco riveli ancor oggi queste sue origini. Forse sarebbe più bello se fosse un po' abbandonato a se stesso, un po' trascurato e inselvatichito;

l'erba crescerebbe nei vialetti, le felci nelle fessure delle scale di sasso e delle recinzioni, il prato sarebbe contaminato dal muschio, le costruzioni ornamentali ormai sprofondate; tutto parlerebbe dell'istinto indiscriminato della natura alla riproduzione e alla decadenza, sarebbe permesso alla natura selvaggia e all'idea della morte l'accesso in questo mondo bello e ordinato, si vedrebbe per terra il legname, si vedrebbero le salme, i tronchi mutilati di alberi ricoperti di muschio. Ma qui non si avverte niente di tutto ciò. La precisione e la tenacia dello spirito umano e della volontà pianificatrice, che un tempo hanno progettato e piantato il parco, lo dominano ancor oggi, lo conservano e lo curano, non lasciando alcuno spazio alla natura selvaggia, al disordine, alla morte. Non cresce né l'erba nei vialetti né il muschio nei prati, non si permette alla quercia di espandere troppo la sua corona verso il cedro vicino, né alle spalliere, agli alberelli nani e a quelli a rami penduli di dimenticare la disciplina e di sottrarsi alla legge secondo la quale sono stati modellati, tagliati e piegati. E dove un albero è caduto, per malattia, età, tempesta o nevicata, non resta un disordinato luogo di morte e di caotica, nuova crescita; al posto del tronco caduto c'è un albero trapiantato su un terreno ben curato, un albero snello e grazioso, con due o tre rametti e un paio di foglie. Esso si inserisce obbediente nell'ordine prestabilito e accanto a sé ha un solido bastone che lo sostiene e lo protegge.

Così un'opera di nobile coltura si è conservata in un'epoca completamente mutata, e la volontà

del fondatore, quell'ultimo signore della tenuta che donò la sua proprietà a un istituto benefico, viene rispettata e continua a governare. Gli obbediscono l'alta quercia e il cedro così come il giovane e magro alberello appena trapiantato, e lo onora e lo eterna una dignitosa, classicissima lapide commemorativa sull'ultima terrazza del giardino, che divide un ampio spiazzo erboso dalla riva ricoperta di canne e dall'acqua. E anche l'unica ferita visibile, che un periodo brutale ha inferto a questo bel microcosmo, presto guarirà e scomparirà. Durante l'ultima guerra si dovette arare e trasformare in campo una delle superfici erbose collocate più in alto. Ma la superficie vuota aspetta un'altra volta erpice e rastrello per cancellare la rozzezza nel frattempo insinuatasi ed essere di nuovo seminata a prato.

Ho parlato molto del mio bel parco, e tuttavia ho dimenticato più cose di quante ne abbia descritte. Devo un encomio agli aceri e ai castagni e non ho ricordato, nei cortili interni, i rigogliosi glicini dai tronchi spessi, e prima di tutti gli altri avrei dovuto menzionare i magnifici olmi, il più bello dei quali s'innalza nelle immediate vicinanze del mio appartamento, tra la villa e l'edificio principale, più giovane, ma più alto della veneranda quercia di fronte. Quest'olmo sorge dalla terra con un tronco solido e robusto, che però fin dall'inizio aspira ad essere alto e snello, e dopo una breve, energica corsa, si divide in un intero popolo di rami tendenti al cielo come un getto d'acqua che si moltiplica in un'infinità di zampilli, crescendo

snello, gaio e avido di luce finché il suo gioioso movimento verso l'alto non trova pace e la sua corona assume una forma a volta.

Se in questo territorio ordinato e coltivato non c'è spazio per la natura primitiva e selvaggia, i due mondi si scontrano però ai confini dei giardini. Già quando vennero progettati e piantati, i vialetti dolcemente digradanti andavano a finire nella sabbia paludosa della riva del canneto, e in tempi più recenti la natura indomita, lasciata a se stessa, è diventata loro vicina in modo ancor più evidente. Alcuni decenni or sono, in seguito alla creazione di canali di collegamento tra i laghi della regione, lo specchio del lago locale venne abbassato di alcuni metri, cosicché si prosciugò un'ampia striscia di terra, che una volta costituiva il bordo del lago. Questa striscia di terra, siccome l'uomo non sapeva che farsene, fu lasciata in balìa della natura, e adesso vi prolifica un bosco in parte ancora di palude, che si stende per miglia, incolto: una giungla, nata da semi portati dal vento e composta da ontani, betulle, salici, pioppi e alcuni altri alberi, che trasformano lentamente in terreno boschivo questo suolo sabbioso che una volta era il fondo di un lago. Qua e là spunta anche un groviglio di querce, che sembra non trovarsi per nulla a suo agio su questo terreno. E immagino che d'estate qui fioriscano alcune piante palustri, ci siano i pennacchi argentei e quelle alte orchidee piumate, che vedo nei prati paludosi sulle rive del lago di Costanza. Questa vegetazione spontanea offre asilo anche a molti animali; oltre alle anitre e ad altri uccelli ac-

quatici vi nidificano beccacce, chiurli, aironi e cormorani. Ho visto alcuni cigni alzarsi in volo e ieri l'altro due caprioli uscire da questa boscaglia e attraversare tranquilli, a piccoli salti giocosi, una delle ampie superfici erbose del nostro parco.

Quel che ho qui, se non descritto, almeno indicato, il parco imponente e curato con il giovane bosco nell'umida terra di bonifica, sembra essere un vasto complesso ed è invece solo il paesaggio che circonda la nostra casa. Se cammino per un quarto d'ora su e giù per i vialetti, vedo che questo è un piccolo mondo conchiuso, compatto, che per qualche periodo potrebbe bastarci, darci gioia, sostituire la solita natura, un po' come un parco in una grande città. Ma in realtà tutto questo – parco, opere di giardinaggio, frutteti e cintura boschiva – è solo una premessa, un gradino che conduce a qualcosa di più grande e più omogeneo. Se partendo dalla casa si percorrono i bei vialetti, sotto gli alti olmi, i pioppi e i cedri, oltrepassando i coni rigogliosi delle sequoie, i cui grossi tronchi color cannella svettano cordiali e ben protetti dietro la cortina dei flessibili rami pendenti, superando il baobab e il cotino, i salici piangenti e l'agrifoglio, fin giù alla riva, solo allora ci si trova di fronte al vero ed eterno paesaggio: il suo carattere non è la grazia, ma la grandezza, è un paesaggio ampio, aperto, semplice, sterminato. Dietro la piccola selva bruna del canneto, che si piega danzando al vento, si stende per alcune miglia il lago, color del cielo nei giorni di bel tempo e verdazzurro cupo come il ghiaccio dei ghiacciai in quelli di tempesta,

e dall'altra parte (se, come accade in molti giorni, l'altra riva non resta nascosta in una foschia grigia e opalina) le basse ed estese montagne del Giura disegnano i loro imperturbabili, ma risoluti profili contro il cielo, infinitamente grande su questa estensione apparentemente quasi piatta. Dagli anni che ho trascorso al lago di Costanza non ho più vissuto in un paesaggio simile, e ne sono passati quasi trentacinque. Vastità di cielo e di lago, sentore d'acqua e d'alghe, canne nel vento, camminare sulla sabbia umida della riva con sopra di me, nel cielo infinito, le nuvole e gli uccelli... quanto ho amato un tempo tutto ciò! Da allora ho sempre vissuto, senza rendermene pienamente conto, in paesaggi più vicini all'alta montagna, il cui carattere era l'immutabile precisione delle linee, un paesaggio che non consisteva, come questo, di cielo, aria, profumo, vento, movimento. Ora non mi va di scervellarmi alla ricerca di spiegazioni, altrimenti si potrebbe fantasticare qualcosa di piacevole su questo ritorno da un mondo statico a uno dinamico. Ed ecco, ancora, la natura che mi parla in una lingua dimenticata, la natura sconfinata, marina, umida, che si nasconde e si svela, che eternamente muta e si trasforma, una natura in cui acqua e cielo dominano tutto il resto. Spesso mi soffermo sulla riva, con il cappello in mano e il vento tra i capelli, investito da suoni e profumi della giovinezza, sorpreso e come osservato da un mondo che mi rammenta con insistenza il passato, che mi esamina e mi scruta come un padre scruta il figlio che ritorna dopo lungo peregrinare, senza tuttavia che io con-

cepisca come tradimento la mia lunga lontananza. Il duraturo sembra guardare l'effimero con una ponderatezza che oscilla tra la derisione e la tolleranza, e così io, vecchio, mi trovo esaminato e scrutato, tollerato e un po' deriso dallo spirito di questa vastità umida e fredda, senza sentirmi umiliato. Ogni nuovo incontro con la terra e la natura è simile, almeno per noi artisti: il nostro cuore va incontro, docile e traboccante d'amore, all'elementare e all'apparentemente eterno, batte al ritmo del moto ondoso, respira con il vento, vola con le nubi e gli uccelli, sente affetto e riconoscenza per la bellezza delle luci, dei colori e dei suoni, riconosce di appartenere a loro, di essere un loro simile, e non riceve in cambio dall'eterna terra, dall'eterno cielo altra risposta che quello sguardo calmo e sorridente che ha il grande per il piccolo, il vecchio per il bimbo, il duraturo per l'effimero. Finché noi, per caparbietà o modestia, per orgoglio o disperazione, opponiamo a ciò che è muto il linguaggio, all'eterno ciò che è temporale e perituro, e dalla sensazione di nullità e di effimero nasce il sentimento orgoglioso e allo stesso tempo disperato dell'uomo, il più infedele, ma più capace d'amore, il più giovane, ma più vigile, il più smarrito, ma più entusiasta dei figli della terra. Ed ecco, la nostra debolezza è vinta, non siamo più né piccoli né caparbi, non bramiamo più diventare tutt'uno con la natura, ma contrapponiamo alla sua grandezza la nostra, alla sua durata la nostra mutevolezza, al suo mutismo il nostro linguaggio, alla sua apparente eternità la nostra coscienza della morte, alla sua in-

differenza il nostro cuore capace di amore e sofferenza.

Ora può sembrare che io abbia descritto questo paesaggio straordinario e magico, meravigliosamente pittorico nei suoi toni autunnali. Ma non ho ancora finito. Oltre alla terra pianeggiante e paludosa, i molti giardini e parchi, la riva, il lago, l'anello di colline boscose che abbraccia quasi l'intero orizzonte e le catene di colline del Giura che si stendono lontano, qualcos'altro ancora è parte del suo patrimonio, qualcos'altro fa sentire la sua voce: le montagne, le Alpi. In realtà, nella maggior parte dei giorni di questa stagione, neppure si vedono. Altre volte, al di là della linea delle colline, qualcosa di bianco, di azzurro o di rosato s'innalza solo per una mezz'oretta o un'ora intera, un triangolo o un poligono. Sembra essere una nube e tuttavia per un attimo tradisce la sua diversa materia e struttura, fa retrocedere di un considerevole tratto l'orizzonte lontano distruggendo tuttavia nel contempo l'impressione di sconfinatezza, poiché l'occhio indovina, accennato attraverso l'azzurro o il rosato, qualcosa di saldo, un confine, un muro. E due volte, verso sera, non ho visto di sfuggita solo queste forme vaghe e solitarie, ma, irradiata di rosso e contornata da ombre azzurre, la familiare fila delle montagne dell'Oberland bernese, con la Jungfrau nel mezzo. In quella lontananza, dove altrimenti, al di sopra delle colline, tutto si dissolve in luce, foschia e cielo, disegnavano un confine, una linea molto lieve ma decisa, brillavano fino al calar del sole in una debole luce sorridente per

sbiadire e poi scomparire all'improvviso, mentre l'occhio, affascinato da quella vista, non si accorgeva del suo dissolversi, tanto essa era stata sovrannaturale, irreale.

Venne però il giorno in cui il destino mi aveva riservato di vedere, insperata, un'immagine completamente diversa, nuova, impressionante delle Alpi. Era domenica. Prima di mettermi a tavola avevo fatto la troppo breve passeggiata che mi permettevano le mie forze, e ne ero ritornato molto stanco, avevo pranzato, mi ero liberato delle scarpe e sdraiato sul divano, avevo letto alcune lettere che aspettavano da giorni e poi una fiaba di Grimm (oh! quanti doni che non appassiscono mai hanno fatto i due fratelli al loro popolo da un secolo a questa parte!), avevo cominciato a pensare alla risposta a una delle lettere, ma non ero andato molto avanti, anzi mi ero appisolato. Subito dopo qualcuno bussò delicatamente alla porta, il sonnellino non era comunque profondo ed entrò il dottore a dirmi che voleva fare una gita con i figli e che mi invitava a unirmi a loro. Mi preparai in un attimo, salimmo in macchina e ci dirigemmo verso la più vicina montagna del Giura, famosa per il suo panorama. Superammo velocemente la pianura con i suoi grandi campi di rape e molti alberi da frutta; vigneti tenuti con cura, con le viti piantate a distanza uguale, come da manuale, coprivano i pendii meridionali delle colline, poi la strada s'inerpicava bruscamente attraverso un bosco misto di faggi bruni, abeti d'un verde fresco e larici di un giallo autunnale e ci condusse con un breve tragit-

to a un'altezza di circa mille metri. Avevamo ormai raggiunto la cresta, da qui la strada proseguiva quasi in piano. Ci arrampicammo ancora per qualche passo su un pascolo brullo, e si aprì ai nostri occhi il panorama sulle Alpi, di cui avevamo più immaginato che visto alcuni scorci nell'ultimo tratto percorso in auto, una vista immensa e invero spaventosa. La valle lacustre e il bassopiano che si stendevano davanti a noi non si vedevano, erano immersi in una foschia non ancora addensatasi in nebbia, che ci nascondeva quasi tutto e si muoveva come se respirasse, liberando a tratti un lembo di paesaggio, ma dando nell'insieme un'impressione di completo silenzio e immobilità. Spingendo lo sguardo in quella foschia, si poteva cadere nell'inganno che il lago, invisibile, si stendesse là sotto e si allungasse per centinaia di miglia fino al piede di quel colosso di montagna, che s'innalzava nudo e nitido nel cielo, al di là di quella foschia. Da questo punto non si vedono uno o più massicci, ma la loro totalità, l'intera catena delle Alpi, dall'estremo est del paese fino alle ultime cime e creste in territorio savoiardo, la spina dorsale d'Europa, distesa davanti a noi come quella di un gigantesco pesce, un mondo immobile, nitido, freddo, estraneo, amaro e minaccioso; fatto di roccia e ghiaccio, di un freddo e ostile azzurro con isolate pareti illuminate a tratti da chiari bagliori, la cui neve granulosa rispondeva a quella luce in maniera fredda, cristallina, sobria e quasi astratta. Immensa, muta, glaciale, una rigida barricata difensiva che attraversava il centro del nostro mondo, la catena delle Al-

pi s'innalzava dura e tagliente nel fresco cielo autunnale, impietrita come una colata lavica di centinaia di miglia. Fu una specie di terrore, una sensazione di spavento e brivido misto a godimento come quando si riceve un getto d'acqua fredda, la mia reazione a questo spettacolo; mi fece male e bene, allargò il cuore e me lo strinse. Come dopo una monotona giornata di lavoro, prima di andare a dormire, si apre una finestra e dall'uniformità della nostra esistenza, dal logorio e dalla sicurezza dell'abitudine si alza lo sguardo verso il freddo cielo invernale fiammeggiante di stelle, così noi dalla cresta su cui ci trovavamo, che con la sua strada carrozzabile, l'albergo, le case estive e la cappella, aveva un'aria rassicurante e familiare, gettammo uno sguardo oltre l'ampio lago di foschia su questo mondo immenso, estraneo, rigido, irreale. Un po' più tardi, quando questa violenta impressione si era un po' calmata, mi sorprese il ricordo di un quadro di un pittore. Ma non era né Hodler né Calame né un altro dei nostri grandi pittori delle Alpi, ma un artista molto precedente rispetto a questa scoperta delle Alpi, il senese Simone Martini; di lui c'era un quadro, sul quale un cavaliere cavalcava solitario verso l'orizzonte ampio e lontano, e di traverso si estendeva una montagna nuda, dura e appuntita, irta e spinosa come il dorso di un pesce persico.

1946

Foglie appassite

Ogni pianta aspira al frutto,
Ogni alba si fa sera,
Nulla dura sulla terra
Tutto muta e fugge via.

Anche l'estate più bella un giorno
Autunno e avvizzimento vuol provare.
Paziente, o foglia, sopporta silenziosa
Se il vento desidera rapirti.

Gioca la tua partita, non fare resistenza,
Lascia che tutto segretamente accada.
Lascia che il vento ti porti via
E verso casa ti trascini.

Pioggia d'autunno

O pioggia, pioggia d'autunno,
monti velati di grigio,
alberi con tarde stanche foglie cadenti!
Da finestre appannate guarda
l'anno malato, nel greve congedo.
Col gocciolante pastrano tu esci
abbrividendo. Da frasche sbiadite,
sul limitare del bosco,
ebbro arranca il rospo, la salamandra,
e giù pei sentieri
scorre e gorgoglia l'acqua infinita
e presso il fico s'aduna nell'erba
in pazienti laghetti.
E in valle dal campanile
gocciano stanchi esitanti rintocchi
per uno del luogo
che stan seppellendo.

Ma non attristarti tu, caro,
per il vicino sepolto,
per la gioia d'estati trascorse
e le feste dei giovani anni!
Tutto vive nel mesto ricordo,
si conserva in parole e immagini e canti,
pronto sempre a celebrare il ritorno
in veste più nobile e nuova.
Aiuta a conservare, a tramutare,
ed ecco che in cuore ti sboccia
il fior della gioia credente.

Nella nebbia

Strano, vagare nella nebbia!
È solo ogni cespuglio ed ogni pietra,
né gli alberi si scorgono tra loro,
ognuno è solo.

Pieno di amici mi appariva il mondo
quando era la mia vita ancora chiara;
adesso che la nebbia cala
non ne vedo più alcuno.

Saggio non è nessuno
che non conosca il buio
che lieve ed implacabile
lo separa da tutti.

Strano, vagare nella nebbia!
Vivere è solitudine.
Nessun essere conosce l'altro,
ognuno è solo.

Novembre 1914

Il bosco lascia cadere le sue foglie,
La nebbia grava sulla valle,
Il fiume ha perso il suo splendore,
Senza ebbrezza è la foresta.

Ma ora soffia la bufera
e scuote i limpidi capelli
Con duri colpi spazza via
La nebbia chiara dalla terra.

Non risparmia né rami né foglie,
Non gli è cara nessuna cosa bella,
L'uccello si angoscia nel suo nido,
Nel casolare ha freddo il contadino.

Abbandono e mando in pezzi
Ciò che non volli conservare
E strappo alla notte e alla morte
Il giorno luminoso.

Scricchiolio di un ramo spezzato

Ramo spezzato e scheggiato,
che ormai pende anno dopo anno
e asciutto scricchiola al vento il suo canto,
senza più fogliame né scorza,
spelato, scialbo, di lunga vita
di lunga morte stanco.
Secco risuona e tenace il suo canto,
caparbio risuona e in segreto angoscioso
ancora per tutta un'estate,
per tutto un inverno ancora.

Passeggiata d'autunno avanzato

Tra i rami aggrovigliati della nuda
selva, dall'aria grigia scende bianca
la prima neve, e cade, e cade.
Com'è ammutito il mondo! Non c'è foglia
che frusci, non uccello sulle rame,
soltanto bianco e grigio, e pace, pace.

Anche il viandante che per variopinti
mesi passò col canto o col liuto
è ammutolito e stanco di gioire,
stanco di camminar, stanco di canti.
Rabbrividisce, e dalle fredde altezze
grige lo investe il sonno, e piano cade,
cade la neve...

Ancor dalla lontana primavera,
dall'avvizzito gaudio dell'estate
gli parla la memoria con visioni
vanenti, pallide: su fondo azzurro,
soave azzurro, un nugolo di fiori
di ciliegio – con tremule ali pende
da uno stelo la giovane farfalla
bruna e oro – dalla rorida notte
del bosco estivo il nostalgico lungo
gorgheggio d'un uccello...
Il viandante saluta i cari sogni:
com'era bello! Ed altro si alza a volo
da quel passato e luccica e si spegne:

un lampo nero d'occhi innamorati –
l'uragano notturno nel canneto –
da una finestra, a sera, un suon di flauto –
un grido di ghiandaia nel mattino...

Fonti

Le ventidue poesie di questo volume sono state tratte dall'edizione completa delle poesie di H. Hesse, *Die Gedichte*, Frankfurt am Main, 1977.

Alberi (*Bäume*), prima edizione nella « Norddeutsche Allgemeine Zeitung » del 10.3.1919. Ripreso in H. Hesse, *Wanderung*, Berlin, 1920.

Il faggio, da: *Aprilbrief*, prima edizione nella « Neue Zürcher Zeitung » del 29.4.1952. Ripreso in H. Hesse, *Beschwörungen*, 1955 oppure H. Hesse, *Briefe an die Freunde*, Frankfurt am Main, 1977.

Germogli, da: *Aus Kinderzeiten*, prima edizione in « Die Rheinlande », Düsseldorf, agosto 1904. Ripreso in H. Hesse, *Diesseits*, 1907 e *Die Erzählungen* ovvero *Gesammelte Erzählungen*, Frankfurt am Main, 1973, 1977 e 1982.

Castagni (*Kastanienbäume*), scritto nel 1904, prima edizione nel « Simplicissimus », München, 2.4.1906. Ripreso in H. Hesse, *Bilderbuch*, edizione ampliata, Frankfurt am Main, 1958.

Il pesco (*Der Pfirsichbaum*), prima edizione nella « Neue Zürcher Zeitung » del 10.3.1945. Ripreso in H. Hesse, *Späte Prosa*, Frankfurt am Main, 1951.

Eremiti e combattenti, da: *Peter Camenzind*, prima edizione nella « Neue deutsche Rundschau », Berlin, ottobre-dicembre 1903. Prima edizione in volume, Berlin, 1904.

Maggio nel bosco di castagni (*Mai im Kastanienwald*), prima edizione nel « Berliner Tageblatt » del 12.5.1927. Ripreso in H. Hesse, *Kleine Freuden*, Frankfurt am Main, 1977.

Gli alberi spezzati, da: *Der Zyklon*, prima edizione in « Die neue Rundschau », Berlin, luglio 1913. Ripreso in H. Hesse, *Schön ist die Jugend*, 1916 e *Die Erzählungen*, op. cit.

La fioritura dei tigli (*Lindenblüte*), scritto nel 1906. Prima edizione nel 1907, nel « Neues Wiener Tageblatt ». Ripreso in H. Hesse, *Bilderbuch*, Berlin, 1926.

Compianto per un vecchio albero (*Klage um einen alten Baum*), prima edizione nel « Berliner Tageblatt » del 16.10.1927. Ripreso in H. Hesse, *Die Kunst des Müßiggangs*, Frankfurt am Main, 1973.

Contrasti (*Gegensätze*), prima edizione nel « Berliner Tageblatt » del 9.7.1928. Ripreso in H. Hesse, *Die Kunst des Müßiggangs* », op. cit.

Descrizione di un paesaggio (*Beschreibung einer Landschaft*), prima edizione in « Die neue Rundschau », Stockholm, marzo 1947. Ripreso in H. Hesse, *Späte Prosa*, op. cit.

INDICE

Alberi	7
Venerdì santo	10
Il faggio	11
Il ramo in fiore	15
Germogli	16
Notte di primavera	19
Castagni	20
Sogno	27
Il pesco	28
Colmo di fiori	33
Eremiti e combattenti	34
La betulla	35
Maggio nel bosco di castagni	36
Selva Nera	42
Gli alberi spezzati	43
Pagina di diario	45
La fioritura dei tigli	47
La locanda del girovago	52
Compianto per un vecchio albero	53
Giorni di canicola	60
Contrasti	61
Notte tempestosa	67

Mezzogiorno estivo
in un casolare di campagna 68
Elegia di settembre 69
Castello di Bremgarten 70
Albero in autunno 71
Quercia spezzata 72
Descrizione di un paesaggio 73
Foglie appassite 88
Pioggia d'autunno 89
Nella nebbia 90
Novembre 1914 91
Scricchiolio di un ramo spezzato 92
Passeggiata d'autunno avanzato 93

Fonti 95

Le Fenici

Aa.Vv., *Il mio anno preferito*
Aa.Vv., *Le parole per dirlo*
Aciman, André, *Cercami*
Aciman, André, *Chiamami col tuo nome*
Aciman, André, *Città d'ombra*
Aciman, André, *Un'educazione sentimentale*
Aciman, André, *Harvard Square*
Aciman, André, *Mariana*
Aciman, André, *Notti bianche*
Aciman, André, *L'ultima estate*
Aciman, André, *Ultima notte ad Alessandria*
Adonis, *Cento poesie d'amore*
Adonis, *La foresta dell'amore in noi*
Adonis, *Memoria del vento*
Adonis, *Violenza e islam*
Aidala, Marta, *La strangera*
Albinati, Edoardo, *Sintassi italiana*
Appelfeld, Aharon, *Badenheim 1939*
Appelfeld, Aharon, *Storia di una vita*
Aramburu, Fernando, *Anni lenti*
Aramburu, Fernando, *Il bambino*
Aramburu, Fernando, *Dopo le fiamme*
Aramburu, Fernando, *Figli della favola*
Aramburu, Fernando, *I rondoni*
Aramburu, Fernando, *Il rumore di quest'epoca*
Arenas, Reinaldo, *Prima che sia notte*
Arendt, Hannah, *Sulla violenza*
Arpaia, Bruno, *L'angelo della storia*
Arpaia, Bruno, *L'energia del vuoto*
Arpaia, Bruno, *Il passato davanti a noi*
Arpaia, Bruno, *Prima della battaglia*
Arpaia, Bruno, *Qualcosa là fuori*
Arpaia, Bruno, *Tempo perso*
Auslander, Shalom, *A Dio spiacendo*
Auslander, Shalom, *Il lamento del prepuzio*
Auslander, Shalom, *Prove per un incendio*
Avati, Pupi, *Il ragazzo in soffitta*
Baldelli, Giulia, *L'estate che resta*
Banville, John, *Atena*
Banville, John, *Il buon informatore*
Banville, John, *Congetture su April*
Banville, John, *Delitto d'inverno*
Banville, John, *Dove è sempre notte*
Banville, John, *Un favore personale*
Banville, John, *L'intoccabile*
Banville, John, *Il mare*
Banville, John, *La musica segreta*
Banville, John, *La notte di Keplero*
Banville, John, *Le ospiti segrete*
Banville, John, *La spiegazione dei fatti*
Banville, John, *Teoria degli infiniti*
Bechis, Marco, *La solitudine del sovversivo*
Belpoliti, Marco, *L'età dell'estremismo*
Berberova, Nina, *Felicità*
Berberova, Nina, *Il male nero*
Berberova, Nina, *La resurrezione di Mozart*
Berberova, Nina, *Il ragazzo di vetro*
Berberova, Nina, *Roquenval*
Bernhard, Thomas, *Ave Virgilio*
Besson, Philippe, *E le altre sere verrai?*
Besson, Philippe, *Non mentirmi*
Besson, Philippe, *Un ragazzo italiano*
Biondillo, Gianni, *Come sugli alberi le foglie*
Biondillo, Gianni, *Il giovane sbirro*
Biondillo, Gianni, *Nelle mani di Dio*
Biondillo, Gianni, Colombo, Severino *Manuale di sopravvivenza del padre contemporaneo*
Biondillo, Gianni, *Quello che noi non siamo*
Boncinelli, Edoardo, Giorello, Giulio, *L'incanto e il disinganno: Leopardi. Poeta, filosofo, scienziato*
Bosc, Adrien, *Prendere il volo*
Bosio, Laura, *Le stagioni dell'acqua*
Bryson, Bill, *Una passeggiata nei boschi*
Buffoni, Franco, *Suora carmelitana e altri racconti in versi*
Bukowski, Charles, *L'amore è un cane che viene dall'inferno*
Bukowski, Charles, *Ce l'hanno tutti con me*
Bukowski, Charles, *Cena a sbafo*
Bukowski, Charles, *Confessioni di un codardo*
Bukowski, Charles, *E così vorresti fare lo scrittore?*
Bukowski, Charles, *Una donna sulla strada*
Bukowski, Charles, *Ehi, Kafka!*
Bukowski, Charles, *Mentre Buddha sorride*
Bukowski, Charles, *Niente canzoni d'amore*
Bukowski, Charles, *Una notte niente male*
Bukowski, Charles, *Le ragazze che seguivamo*
Bukowski, Charles, *So benissimo quanto ho peccato*
Bukowski, Charles, *Taccuino di un allegro ubriacone*
Bukowski, Charles, *Taccuino di un vecchio sporcaccione*
Bukowski, Charles, *Tutti gli anni buttati via*
Cavazzoni, Ermanno, *Guida agli animali fantastici*
Céline, Louis-Ferdinand, *Mea culpa*
Cercas, Javier, *Anatomia di un istante*
Cercas, Javier, *Il castello di Barbablù*
Cercas, Javier, *La donna del ritratto*
Cercas, Javier, *L'impostore*
Cercas, Javier, *Indipendenza*
Cercas, Javier, *Le leggi della frontiera*
Cercas, Javier, *Il nuovo inquilino*
Cercas, Javier, *Soldati di Salamina*
Cercas, Javier, *Il sovrano delle ombre*
Cercas, Javier, *Terra alta*
Cercas, Javier, *La velocità della luce*
Chalandon, Sorj, *La furia*
Coloane, Francisco, *Antartico*
Coloane, Francisco, *I balenieri di Quintay*
Coloane, Francisco, *I conquistatori dell'Antartide*
Coloane, Francisco, *Capo Horn*
Coloane, Francisco, *Il meglio di Francisco Coloane*
Coloane, Francisco, *La scia della balena*
Coloane, Francisco, *Terra del fuoco*
Cooley, Martha, *L'archivista*
Coover, Robert, *Sculacciando la cameriera*
Cortázar, Julio, *Tanto amore per Glenda*
Cortázar, Julio, *Uno che passa di qui*
Cotugno, Ferdinando, *Tempo di ritorno*

Couto, Mia, *Terra sonnambula*
Cucchi, Maurizio, *Il disperso*
Dahl, Roald, *Il libraio che imbrogliò l'Inghilterra*
Dahl, Roald, *Il meglio di Roald Dahl*
Darrieussecq, Marie, *Troismi*
De Botton, Alain, *L'arte di viaggiare*
De Botton, Alain, *Come Proust può cambiarvi la vita*
De Botton, Alain, *Le consolazioni della filosofia*
De Botton, Alain, *Il corso dell'amore*
De Botton, Alain, *Cos'è una ragazza*
De Botton, Alain, *Del buon uso della religione*
De Botton, Alain, *Esercizi d'amore*
De Botton, Alain, *L'importanza di essere amati*
De Botton, Alain, *Lavorare piace*
De Botton, Alain, *Il piacere di soffrire*
De la Mare, Walter, *Racconti del mistero*
Doyle, Roddy, *Bella famiglia (The Snapper)*
Doyle, Roddy, *Bullfighting*
Doyle, Roddy, *I Commitments*
Doyle, Roddy, *La donna che sbatteva nelle porte*
Doyle, Roddy, *Due sulla strada (The Van)*
Doyle, Roddy, *Una faccia già vista*
Doyle, Roddy, *Irlandese al 57%*
Doyle, Roddy, *Love*
Doyle, Roddy, *La musica è cambiata*
Doyle, Roddy, *Paddy Clarke ah ah ah!*
Doyle, Roddy, *Paula Spencer*
Doyle, Roddy, *Smile*
Doyle, Roddy, *Una stella di nome Henry*
Doyle, Roddy, *La trilogia di Barrytown*
Doyle, Roddy, *Una vita da eroe*
Dunne, Catherine, *L'amore o quasi*
Dunne, Catherine, *Donna alla finestra*
Dunne, Catherine, *La grande amica*
Dunne, Catherine, *La metà di niente*
Dunne, Catherine, *La moglie che dorme*
Dunne, Catherine, *Quel che ora sappiamo*
Dunne, Catherine, *Se stasera siamo qui*
Dunne, Catherine, *Tutto per amore*
Dunne, Catherine, *Il viaggio verso casa*
Dunne, Catherine, *Una vita diversa*
Etxebarría, Lucía, *Amore, prozac e altre curiosità*
Favier, Emmanuelle, *Virginia*
Fazioli, Andrea, *L'uomo senza casa*
Fo, Dario, *L'amore e lo sghignazzo*
Fo, Dario, *L'Apocalisse rimandata*
Fo, Dario, *Il Barbarossa e la beffa di Alessandria*
Fo, Dario, *C'è un re pazzo in Danimarca*
Fo, Dario e Manin, Giuseppina, *Dario e Dio*
Fo, Dario, *La figlia del papa*
Fo, Dario, *Il mondo secondo Fo*
Fo, Dario, *Il paese dei misteri buffi*
Fo, Dario, *Quasi per caso una donna*
Fo, Dario e Manin, Giuseppina, *Un clown vi seppellirà*
Fo, Dario e Sciotto, Piero, *Ciulla, il grande malfattore*
Foer, Esther Safran, *Voglio sappiate che ci siamo ancora*
Foer, Jonathan Safran, *Eccomi*
Foer, Jonathan Safran, *Molto forte, incredibilmente vicino*
Foer, Jonathan Safran, *Ogni cosa è illuminata*
Foer, Jonathan Safran, *Possiamo salvare il mondo, prima di cena. Perché il clima siamo noi*
Foer, Jonathan Safran, *Se niente importa*
Galassi, Jonathan, *La musa*
García Lorca, Federico, *Canti gitani e andalusi*
García Lorca, Federico, *Il meglio di Federico García Lorca*
García Lorca, Federico, *Poesie d'amore*
Gaspari, Ilaria, *La reputazione*
Gattis, Ryan, *Giorni di fuoco*
Genet, Jean, *Poesie*
Gibran, Kahlil Gibran, *Il precursore*
Gibran, Kahlil Gibran, *Il Profeta*
Gibran, Kahlil Gibran, *Sabbia e onda*
Giono, Jean, *Nascita dell'Odissea*
Giono, Jean, *Un re senza distrazioni*
Giono, Jean, *L'ussaro sul tetto*
Giorello, Giulio, Cozzaglio, Ilaria, *La filosofia di Topolino*
Giorello, Giulio, *Il tradimento*
Gopnik, Adam, *Una casa a New York*
Gopnik, Adam, *Da Parigi alla luna*
Grandes, Almudena, *Gli anni difficili*
Grandes, Almudena, *Atlante di geografia umana*
Grandes, Almudena, *Cuore di ghiaccio*
Grandes, Almudena, *Le età di Lulù*
Grandes. Almudena, *La figlia ideale*
Grandes, Almudena, *Inés e l'allegria*
Grandes, Almudena, *Malena, un nome da tango*
Grandes, Almudena, *Modelli di donna*
Grandes, Almudena, *I pazienti del dottor García*
Grandes, Almudena, *Il ragazzo che apriva la fila*
Grandes, Almudena, *Il ragazzo che leggeva Verne*
Grandes, Almudena, *Ti chiamerò Venerdì*
Grandes, Almudena, *I tre matrimoni di Manolita*
Grandes, Almudena, *Troppo amore*
Hammett, Dashiell, *Piombo e sangue*
Handke, Peter, *La donna mancina*
Handke, Peter, *La ladra di frutta*
Handke, Peter, *Il peso del mondo*
Handke, Peter, *Pomeriggio di uno scrittore*
Handke, Peter, *Storie del dormiveglia*
Heaney, Seamus, *La lanterna di biancospino*
Heaney, Seamus, *Una porta sul buio*
Herzog, Werner, *Sentieri nel ghiaccio*
Hesse, Hermann, *Il canto degli alberi*
Hesse, Hermann, *In giardino*
Hesse, Hermann, *La maturità rende giovani*
Hesse, Hermann, *Poesie*
Hesse, Hermann, *Le stagioni*
Hornby, Nick, *Alta fedeltà*
Hornby, Nick, *Come diventare buoni*
Hornby, Nick, *Dickens e Prince*

Hornby, Nick, *Febbre a 90'*
Hornby, Nick, *Funny Girl*
Hornby, Nick (a cura di), *Il mio anno preferito*
Hornby, Nick, *Non buttiamoci giù*
Hornby, Nick, *Proprio come te*
Hornby, Nick, *Un ragazzo*
Hornby, Nick, *Shakespeare scriveva per soldi*
Hornby, Nick, *Sono tutte storie*
Hornby, Nick, *Lo stato dell'unione*
Hornby, Nick, *31 canzoni*
Hornby, Nick, *Tutta un'altra musica*
Hornby, Nick, *Tutto per una ragazza*
Hornby, Nick, *Una vita da lettore*
Hrabal, Bohumil, *Vuol vedere Praga d'oro?*
Iarocci, Irene (a cura di), *Cento Haiku*
Isgrò, Emilio, *Quel che resta di Dio*
Janeczek, Helena, *Lezioni di tenebra*
Janeczek, Helena, *La ragazza con la Leica*
Janeczek, Helena, *Le rondini di Montecassino*
Janeczek, Helena, *Il tempo degli imprevisti*
Janouch, Gustav, *Conversazioni con Kafka*
Jeffers, Honorée Fanonne, *I canti d'amore di Wood Place*
Jünger, Ernst, *Il cuore avventuroso*
Jünger, Ernst, *Fuoco e sangue*
Jünger, Ernst, *L'operaio*
Jünger, Ernst, *Sulle scogliere di marmo*
Klee, Paul, *Poesie*
Kōbō, Abe, *La donna di sabbia*
Krauss, Nicole, *La grande casa*
Krauss, Nicole, *Selva oscura*
Krauss, Nicole, *La storia dell'amore*
Krauss, Nicole, *Un uomo sulla soglia*
Lahiri, Jhumpa, *In altre parole*
Lahiri, Jhumpa, *Dove mi trovo*
Lahiri, Jhumpa, *L'interprete dei malanni*
Lahiri, Jhumpa, *La moglie*
Lahiri, Jhumpa, *Una nuova terra*
Lahiri, Jhumpa, *L'omonimo*
Lahiri, Jhumpa, *Racconti romani*
Leine, Kim, *Il fiordo dell'Eternità*
Leviant, Curt, *Diario di un'adultera*
Lindo, Elvira, *A cuore aperto*
Lo Iacono, Simona, *Virdimura*
Il Mahābhārata raccontato da R.K. Narayan
Manin, Giuseppina, *Complice la notte*
Mastrocola, Paola, *Una barca nel bosco*
Mastrocola, Paola, *E se covano i lupi*
Mastrocola, Paola, *La felicità del galleggiante*
Mastrocola, Paola, *La gallina volante*
Mastrocola, Paola, *La narice del coniglio e Facebook in the Rain*
Mastrocola, Paola, *Palline di pane*
Mastrocola, Paola, *Più lontana della luna*
Mastrocola, Paola, *Togliamo il disturbo*
Mishra, Pankaj, *Figli della nuova India*
Missiroli, Marco, *Il buio addosso*
Missiroli, Marco, *Il senso dell'elefante*
Modiano, Patrick, *Dora Bruder*
Morazzoni, Marta, *Il caso Courrier*
Morazzoni, Marta, *Casa materna*
Morazzoni, Marta, *La ragazza col turbante*
Morazzoni, Marta, *Il rovescio dell'abito*
Moreno Durán, Aroa, *Cose che si portano in viaggio*
Nair, Anita, *L'arte di dimenticare*
Nair, Anita, *Cuccette per signora*
Nair, Anita, *Il custode della luce*
Nair, Anita, *La ferocia del cuore*
Nair, Anita, *Un uomo migliore*
Narayan, Rasipuram Krishnaswamy, *Aspettando il Mahatma*
Neruda, Pablo, *Per nascere son nato*
Neruda, Pablo, *Poesie d'amore e di vita*
Neruda, Pablo, *Poesie di una vita*
Neruda, Pablo, *Poesie erotiche*
Nesser, Håkan, *Il ragazzo che sognava Kim Novak*
Neumann, Robert, *I bambini di Vienna*
O'Connor, Joseph, *Una canzone che ti strappa il cuore*
O'Connor, Joseph, *Cowboys & Indians*
O'Connor, Joseph, *Desperados*
O'Connor, Joseph, *La fine della strada*
O'Connor, Joseph, *La moglie del generale*
O'Connor, Joseph, *Il rappresentante*
Oksanen, Sofi, *La purga*
Orwell, George, *Omaggio alla Catalogna*
Osorio, Elsa, *La miliziana*
Osorio, Elsa, *Sette notti d'insonnia*
Osorio, Elsa, *I vent'anni di Luz*
Ottieri, Ottiero, *La linea gotica. Taccuino 1948-1958*
Ottieri, Ottiero, *La psicoterapeuta bellissima*
Pasolini, Pier Paolo, *Un paese di temporali e di primule*
Pasolini, Pier Paolo, *Poesie scelte*
Pasolini, Pier Paolo, *Romàns*
Phillips, Marie, *Per l'amor di un dio*
Plath, Sylvia, *Quanto lontano siamo giunti*
Potocki, Jan, *Manoscritto trovato a Saragozza*
Pound, Ezra, *XXX Cantos*
Pretor-Pinney, Gavin, *Cloudspotting*
Prévert, Jacques, *Alberi*
Prévert, Jacques, *L'amore e altro*
Prévert, Jacques, *Fatras*
Prévert, Jacques, *Le foglie morte*
Prévert, Jacques, *Gran ballo di primavera*
Prévert, Jacques, *Parole*
Prévert, Jacques, *La pioggia e il bel tempo*
Prévert, Jacques, *Poesie*
Prévert, Jacques, *Poesie d'amore*
Prévert, Jacques, *Poesie d'amore e libertà*
Prévert, Jacques, *Il Prévert di Prévert*
Prévert, Jacques, *Quand'ero bambino*
Prévert, Jacques, *Spettacolo*
Prévert, Jacques, *Storie e Altre storie*
Il Rāmāyaṇa raccontato da R.K. Narayan
Rame, Franca, Fo, Dario, *Una vita all'improvvisa*
Rezzori, Gregor von, *Edipo a Stalingrado*
Rezzori, Gregor von, *Un ermellino a Cernopol*
Rezzori, Gregor von, *Memorie di un antisemita*
Roy, Arundhati, *Azadi*
Roy, Arundhati, *Il dio delle piccole cose*
Roy, Arundhati, *Il ministero della suprema felicità*
Roy, Arundhati, *Il mio cuore sedizioso*

Sade, Donatien-Alphonse François de, *Le 120 giornate di Sodoma*
Sade, Donatien-Alphonse François de, *La nuova Justine*
Salter, James, *Un gioco e un passatempo*
Salter, James, *Una perfetta felicità*
Salter, James, *Per la gloria*
Salter, James, *Tutto quel che è la vita*
Salter, James, *L'ultima notte*
Sands, Philippe, *La strada verso est*
Sands, Philippe, *La via di fuga*
Santagata, Marco, *L'amore in sé*
Santagata, Marco, *Come donna innamorata*
Santagata, Marco, *Il Maestro dei santi pallidi*
Schiavone, Alberto, *Dolcissima abitudine*
Schnitzler, Arthur, *Fama tardiva*
Semprún, Jorge, *La scrittura o la vita*
Sepúlveda, Luis, *L'avventurosa storia dell'uzbeko muto*
Sepúlveda, Luis, *La fine della storia*
Sepúlveda, Luis, *La frontiera scomparsa*
Sepúlveda, Luis, *Ingredienti per una vita di formidabili passioni*
Sepúlveda, Luis, *Jacaré*
Sepúlveda, Luis, *La lampada di Aladino*
Sepúlveda, Luis, *Un nome da torero*
Sepúlveda, Luis, *L'ombra di quel che eravamo*
Sepúlveda, Luis, *Patagonia Express*
Sepúlveda, Luis, *Ritratto di gruppo con assenza*
Sepúlveda, Luis, *Le rose di Atacama*
Sepúlveda, Luis, *Storia di una gabbianella e del gatto che le insegnò a volare*
Sepúlveda, Luis, *Storie ribelli*
Sepúlveda, Luis, *Tutti i racconti*
Sepúlveda, Luis, *Tutti i romanzi*
Sepúlveda, Luis, *Il vecchio che leggeva romanzi d'amore*
Sepúlveda, Luis, *Ultime notizie dal Sud*
Sepúlveda, Luis, Petrini, Carlo, *Un'idea di felicità*
Sepúlveda, Luis, Petrini, Carlo, Mujica, José, *Vivere per qualcosa*
Seth, Vikram, *Autostop per l'Himalaya*
Seth, Vikram, *Golden Gate*
Skármeta, Antonio, Neruda, Pablo, *La magia in azione*
Smilevski, Goce, *La sorella di Freud*
Svensson, Patrik, *Nel segno dell'anguilla*
Swarup, Vikas, *Apprendista per caso*
Swarup, Vikas, *Le dodici domande*
Swarup, Vikas, *I sei sospetti*
Tagore, Rabindranath, *Il canto della vita*
Tagore, Rabindranath, *La poesia della natura*
Tagore, Rabindranath, *La vera essenza della vita (Sādhanā)*
Tanizaki, Jun'ichirō, *La croce buddista*
Tanizaki, Jun'ichirō, *Neve sottile*
Terranova, Nadia, *Gli anni al contrario*
Thomas, Dylan, *Avventure nel commercio delle pelli*
Thomas, Dylan, *Poesie*
Trevor, William, *L'amore, un'estate*
Trevor, William, *Giochi da ragazzi*
Trevor, William, *Marionette del destino*
Trevor, William, *Morte d'estate*
Trevor, William, *Notizie dall'Irlanda*
Trevor, William, *Gli scapoli delle colline*
Trevor, William, *Leggendo Turgenev*
Trevor, William, *La storia di Lucy Gault*
Trevor, William, *Uomini d'Irlanda*
Trevor, William, *Il viaggio di Felicia*
Tyler, Anne, *L'albero delle lattine*
Tyler, Anne, *L'amore paziente*
Tyler, Anne, *La bussola di Noè*
Tyler, Anne, *La figlia perfetta*
Tyler, Anne, *Guida rapida agli addii*
Tyler, Anne, *Lezioni di respiro*
Tyler, Anne, *Un matrimonio da dilettanti*
Tyler, Anne, *La moglie dell'attore*
Tyler, Anne, *Per puro caso*
Tyler, Anne, *Possessi terreni*
Tyler, Anne, *Quando eravamo grandi*
Tyler, Anne, *Quasi un santo*
Tyler, Anne, *Ragazza in un giardino*
Tyler, Anne, *Ristorante Nostalgia*
Tyler, Anne, *Se mai verrà il mattino*
Tyler, Anne, *Una spola di filo blu*
Tyler, Anne, *Le storie degli altri*
Tyler, Anne, *Una vita allo sbando*
Tyler, Anne, *Turista per caso*
Uhlman, Fred, *Trilogia del ritorno*
Van Gogh, Vincent, *Lettere a Theo*
Veladiano, Mariapia, *Adesso che sei qui*
Veladiano, Mariapia, *Lei*
Veladiano, Mariapia, *Quel che ci tiene vivi*
Veladiano, Mariapia, *Una storia quasi perfetta*
Vichi, Marco, *Il bosco delle streghe*
Vichi, Marco, *Il brigante*
Vichi, Marco, *La casa di tolleranza*
Vichi, Marco, *L'inquilino*
Vichi, Marco, *Nero di luna*
Vichi, Marco, *Racconti neri*
Vichi, Marco, *Un tipo tranquillo*
Vichi, Marco, *La vendetta*
Vilas, Manuel, *I baci*
Vilas, Manuel, *La gioia, all'improvviso*
Vilas, Manuel, *In tutto c'è stata bellezza*
Villajos, Rosario, *L'educazione fisica*
Welsh, Irvine, *Acid House*
Welsh, Irvine, *Colla*
Welsh, Irvine, *Crime*
Welsh, Irvine, *Il lercio*
Welsh, Irvine, *Porno*
Welsh, Irvine, *I segreti erotici dei grandi chef*
Welsh, Irvine, *Una testa mozzata*
Welsh, Irvine, *Tolleranza Zero*
Welsh, Irvine, *Trainspotting*
Welsh, Irvine, *Tutta colpa dell'acido*
Werfel, Franz, *Piccoli amori*
Wodehouse, Pelham Grenville, *Cocktail Time*
Wodehouse, Pelham Grenville, *Colpo di fulmine alle terme*
Wodehouse, Pelham Grenville, *Il meglio di P. G. Wodehouse*
Wodehouse, Pelham Grenville, *La mossa del vescovo*
Wodehouse, Pelham Grenville, *L'uomo che smise di fumare*
Woolf, Virginia, *Tra un atto e l'altro*
Zahavi, Helen, *Sporco weekend*

HERMANN HESSE

GIORNI DI LUGLIO

Proprio durante alcuni giorni d'estate si sviluppa il breve, tormentato itinerario spirituale di Paul Abderegg, che Hermann Hesse colloca sullo sfondo tangibile di una natura a un tempo scenario fisico e metafora della vita interiore. In vacanza nella villa paterna, il giovane Paul è strappato alle sue appassionate letture di adolescente dalla visita di due donne, sua coetanea l'una, più matura l'altra; in un rapporto fatto di parole non dette, sguardi, moti dell'animo, avrà inizio la sua educazione sentimentale. Nella descrizione del primo turbamento amoroso di un adolescente, *Giorni di luglio* restituisce l'esperienza della vita con una finezza poetica che uguaglia la vivida rappresentazione della realtà.

GUANDA

HERMANN HESSE

IN GIARDINO

La bellezza carnosa e sgargiante del gladiolo; i gialli e gli arancioni della zinnia; i grandi calici bianchi della magnolia; il profumo «aspro e delizioso» del narciso e quello tenero della viola; lo spettacolo solenne di una vecchia quercia caduta; la fragilità malinconica di un pesco piegato dal *föhn*. E il passaggio delle stagioni, lo straordinario mutare delle forme e dei colori: il verde dei «prati tempestati dalla prima fioritura allegra e multicolore»; le tinte cariche, turgide dell'estate inoltrata; le impareggiabili luci dell'autunno. Scrittore sensibilissimo alla natura, Hermann Hesse ha trovato nel giardino un luogo prediletto del riposo, della riflessione, dell'ascolto, della scrittura.

GUANDA

FSC
www.fsc.org
MISTO
Carta | A sostegno della gestione forestale responsabile
FSC® C005461

Finito di stampare
nel mese di luglio 2026
per conto della Ugo Guanda S.r.l.
da Rotolito S.p.A. - Seggiano di Pioltello (Mi)
Printed in Italy